Tasty Food
食在好吃

303道最好吃的
海鲜菜

甘智荣 主编

江苏凤凰科学技术出版社

图书在版编目（CIP）数据

303道最好吃的海鲜菜 / 甘智荣主编 . — 南京 : 江苏凤凰科学技术出版社 , 2015.10（2019.11 重印）
（食在好吃系列）
ISBN 978-7-5537-4664-7

Ⅰ . ① 3… Ⅱ . ① 甘… Ⅲ . ① 海产品－菜谱 Ⅳ . ① TS972.126

中国版本图书馆 CIP 数据核字 (2015) 第 124664 号

303道最好吃的海鲜菜

主　　　编	甘智荣
责 任 编 辑	葛　昀
责 任 监 制	方　晨

出 版 发 行	江苏凤凰科学技术出版社
出版社地址	南京市湖南路 1 号 A 楼，邮编：210009
出版社网址	http://www.pspress.cn
印　　　刷	天津旭丰源印刷有限公司

开　　　本	718mm×1000mm　1/16
印　　　张	10
插　　　页	4
版　　　次	2015年10月第1版
印　　　次	2019年11月第2次印刷

标 准 书 号	ISBN 978-7-5537-4664-7
定　　　价	29.80元

图书如有印装质量问题，可随时向我社出版科调换。

肥美水中鲜
营养好风味

　　海洋、江河、湖泊里出产的动物或藻类，都可以统称为水产，常见的水产包括鱼、虾、螃蟹、贝类、海藻类等。水产一向是深受人们喜爱的食物，与肉类相比，其丰富的蛋白质、低胆固醇对人的健康更为有利。水产丰富的微量元素，有助于人体新陈代谢和抑止自由基的形成，对预防某些疾病有比较好的效果，海带还能有选择性地滤除重金属致癌物。经常食用海产品不但可以补充人体所必需的各种维生素和微量元素，还具有增强免疫力、预防疾病、美容养颜和改善新陈代谢等保健作用，尤其对于经常处于精神紧张且缺乏运动的上班族来说，经常食用水产品是非常必要的。

　　水产的烹饪方法多种多样，可凉拌、热炒、焖、烧、蒸、煮、煲、煎、炸、烤，各具风味。

　　本书汇集数百道名厨最拿手的水产家常菜，名厨呈现厨艺绝活，让原本肉质细嫩、味道鲜美的水产味道更出众、营养更全面。无论是爽口开胃的凉拌菜、下饭解馋的热炒菜、嫩滑清香的蒸煮菜，还是浓香醇厚的汤品，都能让原本就爱吃海鲜的你变得更喜爱吃，也吃得更爽快，甚至连不爱吃海鲜的人也会被诱人香气俘获。本书除放送水产家常菜经典做法外，更精心放送更多留住水产营养以及让水产菜肴更鲜香滑嫩的烹饪秘诀，让你的厨艺轻松升级。

目录

01
热炒篇

02

凉拌篇

03

蒸、煮篇

04

焖、烧篇

05

煎、炸、烤篇

06

汤、煲篇

鱼类的选购、保鲜、处理和烹饪技巧

鱼类的选购

怎样挑选鲜鱼

质量上乘的鲜鱼，眼睛光亮透明，眼球略凸，眼珠周围没有因充血而发红；鱼鳞光亮、整洁、紧贴鱼身；鱼鳃紧闭，呈鲜红或紫红色，无异味；肛门紧缩，清洁，呈苍白或淡粉色；腹部发白，不膨胀，鱼体挺而不软，有弹性。若鱼眼混浊，眼球下陷或破裂，脱鳞鳃张，肉体松软，色暗，有异味，则是不新鲜的劣质鱼。

如何挑选咸鱼

好的咸鱼，鱼身清洁干爽，肉质致密、有弹性，切口肉质色泽鲜明、没有黏液，肉与骨结合紧密，无异味。假如鱼身有黄色或黑色霉斑，肉质松弛，有臭味，则表示咸鱼已变质。

如何辨别海鱼和淡水鱼

主要从鱼鳞的颜色和鱼的味道加以区别，海鱼的鳞片呈灰白色，薄而光亮，食之味道鲜美；淡水鱼的鳞片较厚，呈黑灰色，食之有鱼腥味。

怎样识别鱼是否被污染

一、看鱼形。污染较严重的鱼，其鱼形不整齐，比例不正常，脊椎、脊尾弯曲僵硬或头大而身瘦，尾小又长。这种鱼容易含有铬、铅等有毒、有害的重金属。

二、观全身。鱼鳞部分脱落，鱼皮发黄，尾部灰青，鱼肉呈绿色，有的鱼肚膨胀，这是铬污染或鱼塘中存有大量碳酸铵的化合物所致。

三、辨鱼鳃。鱼表面看起来新鲜，但鱼鳃不光滑，形状较粗糙，且呈红色或灰色，这些鱼大都是被污染的鱼。

四、看鱼眼。鱼看上去体形、鱼鳃虽然正常，但其眼睛浑浊失去光泽，眼球甚至明显向外突起，这也可能是被污染的鱼。

五、闻气味。被不同毒物污染的鱼有不同的气味，煤油味是被酚类污染；大蒜味是被三硝甲苯污染；杏仁苦味是被硝基苯污染；氨水味、农药味是被氨盐类、农药污染。

鱼类的保鲜

❶先去掉鱼的内脏、鱼鳞，洗净沥干水分后，切成小段，用保鲜袋或塑料食品袋包装好，以防鱼腥味扩散。然后，再视需要保存时间的长短，分别置入冰箱的冷藏室或冷冻室；冻鱼经包装后可直接贮入冷冻室。放入冰箱贮藏的鱼，质量一定要好。已经冷藏过的鱼，解冻后就不宜再次放入冷冻室作长期贮存。熟的鱼类食品与咸鱼必须用保鲜袋或塑料食品袋密封后放入冰箱内，咸鱼一般可贮于冷藏室内，不必冷冻。

❷洗净鲜鱼外表，切成所需要的形状，用具有透湿性的尼龙袋装好，整袋置于80℃左右的热水中浸泡几秒钟消毒杀菌。经过这样处理的鲜鱼，能延长其保存时间。

❸把鲜鱼内外洗净，切成一寸见方的小块，稍稍晾一晾，然后拌上些调料装入陶器内，再倒上一点植物油。调料的具体比例为：每5千克鱼肉放200克盐、100克白酒、300克油。最后密封放置于阴凉干燥处。用这种方法保存的鱼，另有一种独特风味。

鱼类如何处理

❶一定要彻底抠除全部鳃片，避免成菜后鱼头有沙，影响口感。

❷鱼下巴到鱼肚连接处的鳞紧贴皮肉，鳞片碎小，不易被清除，却是导致成菜后有腥味的主要原因。在加工淡水鱼和一部分海鲜鱼类时，须特别注意削除颌鳞。

❸鲢鱼、鲫鱼、鲤鱼等塘鱼的腹腔内有一层黑膜，既不美观，又是腥味的主要根源，洗涤时一定要将其刮除干净。

❹鱼的腹内、脊椎骨下方隐藏有一条血筋，加工时要用尖刀将其挑破，冲洗干净。

❺有时保留鱼鳍只是为了成菜后的美观，若鱼鳍零乱松散，就应适当修剪或全部剪去。

❻鲤鱼等鱼的鱼身两侧各有一根细而长的酸筋，应在加工时剔除。宰杀去鳞后，顺着从头到尾的方向将鱼身抹平，就可看到在鱼的侧面有一条深色的线，酸筋就在这条线的下面。在鱼身最前面靠近鳃盖处割一刀，就可看到一条酸筋，一边用手捏住细筋往外轻拉，一边用刀背轻拍鱼身，直至将两面的酸筋全部抽出。

❼鱼胆不但有苦味，而且有毒。宰鱼时如果碰破了苦胆，高温蒸煮也不能消除苦味和毒性。但是用酒、小苏打或发酵粉却可以使胆汁溶解。因此，在沾了胆汁的鱼肉上涂上些酒、小苏打或发酵粉，再用冷水冲洗，苦味便可消除。

鱼类的烹饪技巧

怎样煎鱼不粘锅

煎鱼前将锅洗净，擦干后烧热，然后放油，将锅稍加转动，使锅内四周都沾有油。待油烧热，将鱼放入，煎至鱼皮金黄色时再翻动，这样鱼就不会粘锅。如果油不热就放鱼，就容易使鱼皮粘在锅上。

将鱼洗净后（大鱼可切成块），薄薄蘸上一层面糊，待锅里油热后，将鱼放进去煎至金黄色，再翻煎另一面。这样煎出的鱼块完整，也不会粘锅。

怎样煮鱼不会碎

烹制鲜鱼，要先将鲜鱼洗干净，然后用盐均匀地抹遍全身，大鱼腹内也要抹匀，腌渍半小时后再进行炖煮，鱼就不易碎。切鱼块时，应顺鱼刺下刀，这样鱼块也不易碎。

蒸鱼如何更美味

蒸鱼时，先将锅内水煮开，然后将鱼放在盆子里隔水蒸，切忌用冷水蒸，这是因为鱼在突遇高温时外部组织凝固，会锁住内部鲜汁。条件允许的话，蒸前最好在鱼身上涂一些鸡油或猪油，可使鱼肉更加滑嫩。

如何鉴别鱼的生熟

用于蒸制的鱼类，每条的重量最好选在500克左右，蒸制时间一般为10分钟。鱼蒸好后，可用牙签试着刺鱼身，以鉴别其生熟。

具体方法是：将牙签刺入鱼身肉厚处，如背脊，若牙签能够轻轻刺入，则证明鱼肉已熟，若刺起来有韧涩感，则表明蒸制的时间还不够。

虾的种类及选购

对虾

对虾又称明虾、中国对虾，为海产八珍之一。对虾甲壳薄，光滑透明，雌体青蓝色，雄体呈棕黄色。对虾的身体可分为头胸部和腹部，共有21节构成，除最前和最后一节外，各节皆具一对附肢。

基围虾

基围虾泛指基围地带出产的虾，基围地带是接近沿海范围的小河小涌，渔民从河涌引进大量海水，而海水中早有麻虾的精子、卵子，这样养在一起成长，便养殖成基围虾。基围虾生长在河涌的泥底，身体稍呈黝黑色。基围虾对身体虚弱及病后需要调养的人是很好的食物。基围虾有通乳、抗毒、养血固精、化淤解毒、益气滋阳、通络止痛、开胃化痰等功效。

濑尿虾

濑尿虾又称皮皮虾、琵琶虾、虾蛄。常见的濑尿虾是"口虾蛄"和"黑斑口虾蛄"，前者是经常吃到的硬壳品种，后者是有斑马纹的软壳品种。选择濑尿虾时，一定要注意新鲜度。鲜活的濑尿虾壳色碧绿且有光泽，手按时坚实有弹性；将死或已死的濑尿虾色泽灰黄，无光泽。濑尿虾一般以深水区出产的食用品质较好。深水类濑尿虾，离水后不久即死亡，极难活养且较易退鲜。因此，濑尿虾一般以鲜活为上品，而死的则以身挺结实、无异味的为好。

竹节虾

竹节虾又称花虾、斑节虾、日本对虾。其特征是位于头上方有细小锯齿，两眼间有刺状突起。竹节虾有蓝色的横斑花纹，附肢呈黄色，尾部呈鲜黄带蓝色，壳薄而硬，肉质厚实。

龙虾

龙虾是名贵的海产品，体呈粗圆筒状，背腹稍平扁，头胸壳甲发达，坚厚多棘，前缘中央有一对强大的眼上棘。硬壳龙虾被认为是最美味、最有营养的，是消费者的最佳选择；软壳龙虾会在换壳时失掉一部分营养，并吸收大量水分，营养较次。龙虾肉质洁白细嫩，具有高蛋白、低脂肪的特点，营养丰富。龙虾还有药用价值，能化痰止咳，促进手术后的伤口愈合。

青虾

青虾又称河虾、沼虾，是一种广泛分布于淡水湖泊的经济虾类。青虾体形粗短，整个身体由头胸部和腹部两部分构成，体表有坚硬的外壳。质量好的青虾，虾体呈青绿色，有光泽，外壳清晰透明，头体连接得很紧密，虾肉为青白色，肉质细密，尾节伸屈性较强。质次的青虾，色呈灰白，透明度较差，头体连接松，易脱离，尾节伸屈性差，如无异味，仍可食用。变质的青虾，虾体瘫软，变色、变味，不能食用。青虾肉质细嫩鲜美，营养丰富，每100克食用部分含蛋白质16.40克，营养学家认为它有一定的补脑功效。

毛虾

毛虾又称水虾，是一种产于淡水的小型经济虾类。毛虾体长1~4厘米，雌虾略大于雄虾。毛虾体形侧扁，甲壳极薄，无色透明。毛虾多进行加工，或将鲜品直接晒干成为生干毛虾，也可煮熟后晒干成为熟虾皮和去皮小虾米，还可制成虾酱、虾油等发酵制品。虾皮和虾米中含有十分丰富的矿物质钙、磷、铁及烟酸。其中，钙是人体骨骼的主要组成成分，只要每天能吃50克虾皮，就可以满足人体对钙质的需要；磷有促进骨骼、牙齿生长发育、加强人体新陈代谢的功能；铁可协助氧气的运输，可预防缺铁性贫血；烟酸可促进皮肤神经健康，对舌炎、皮炎等症有食疗作用。

小龙虾

小龙虾是存活于淡水中的一种像龙虾的甲壳类动物。小龙虾体内的蛋白质含量较高，占总体的16%~20%，脂肪含量不到0.22%，虾肉内锌、碘、硒等微量元素的含量要高于其他食品。小龙虾最好吃的时候是5~10月，黄满肉肥，连大螯上的三节都是从头塞到尾的弹牙雪肌。挑选小龙虾，关键是看由何种水质养殖。背部红亮干净，腹部绒毛和爪上的毫毛白净整齐，基本上就是干净水质养出来的。色发红、身软的小龙虾不新鲜，尽量不要食用。

虾的选购

如何挑选海虾

野生海虾和养殖海虾在同等大小、同样鲜度时，价格差异很大。一些不法商贩常以养殖海虾冒充野生海虾，其实两者在外观上有很大差别，仔细辨认就不会买错。养殖海虾的须很长，而野生海虾须短；养殖海虾头部"虾枪"长，齿锐、质地较软，而野生海虾头部"虾枪"短，齿钝、质地坚硬。养殖海虾的体色受养殖场地影响，体表呈青黑色，色素斑点清晰明显。

在挑选时，首先应注意虾壳是否硬挺、有光泽，虾头、壳身是否紧密附着虾体且坚硬结实，有无剥落。新鲜的海虾无论从色泽、气味上都很正常；另外，还要注意虾体肉质的紧实程度及弹性。劣质海虾的外壳无光泽，甲壳变黑，体色变红，甲壳与虾体分离；虾肉组织松软，有氨臭味；虾的胸部和腹部脱开，头部变红、变黑。

如何挑选淡水虾

新鲜的淡水虾色泽正常，体表有光泽，

背部为黄色，体两侧和腹部为白色，一般雌虾为青白色，雄虾为淡黄色。通常雌虾大于雄虾。虾体完整，头尾紧密相连，虾壳与虾肉紧贴。用手触摸时，感觉硬实而有弹性。虾体变黄并失去光泽，虾身节间出现黑腰，头与体、壳与肉连接松懈、分离，弹性较差的为次品。虾体瘫软如泥、脱壳、体色黑紫、有异臭味的为变质虾。

01

热炒篇

飘香热炒菜 x 日常式样多

　　热炒是中国家庭日常最广泛使用的一种烹饪方法，它主要是以锅中的油为载体，将准备好的食材用中旺火在较短时间内加热至熟的一种烹饪方法。

　　本章将为您提供独具特色的热炒海鲜菜式，让您在短时间内以最快的速度学会海鲜菜的热炒做法。

　　热爱美食的您赶快动手实践一下吧！

川香泼辣鱼

材料

鲜鱼 300 克，上海青 35 克

调味料

辣椒末 20 克，盐、白芝麻、葱花、蒜蓉各 3 克，红油 10 克

制作方法

❶ 鲜鱼洗净，取肉切片，用盐腌渍；白芝麻洗净沥干。

❷ 鱼肉汆熟，捞出沥干，装盘备用；上海青洗净，入沸盐水中烫熟备用。

❸ 锅中倒入红油加热，放入辣椒、白芝麻、葱花、蒜蓉炒香，出锅淋在鱼肉上，以上海青围边即可。

| 👥 2 人份 | 🕐 22 分钟 | 👍 开胃消食 |

特色炒鲮鱼球

材料

鲮鱼肉 250 克，芥蓝 150 克，胡萝卜少许

调味料

食用油、盐、辣椒面、蚝油、白砂糖、大葱各适量

制作方法

❶ 胡萝卜洗净切片；大葱洗净切小段；芥蓝洗净后焯水摆盘；鲮鱼肉洗净后剁成泥，放盐拌匀后，捏成小团。

❷ 油锅烧热，放入鲮鱼球，炸约 2 分钟，装盘。

❸ 余油烧热，放入葱段、胡萝卜片炒香，倒入鲮鱼球，放其余调味料炒至入味，盛于芥蓝上即可。

| 👥 1 人份 | 🕐 20 分钟 | 👍 补血养颜 |

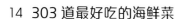

四方炒鱼丁

材料

红腰豆、白果各 200 克，鱼肉、豌豆各 300 克

调味料

蒜蓉 15 克，盐 3 克，鸡精 1 克，食用油、白砂糖各适量

制作方法

1. 鱼肉洗净，切成丁；红腰豆、白果、豌豆洗净，入沸水锅焯烫后捞出。

2. 锅倒油烧热，倒入鱼肉丁过油后捞出沥干；另起油锅烧热，倒入豌豆、红腰豆、白果、蒜蓉翻炒，鱼肉回锅继续翻炒至熟。

3. 加入糖、盐、鸡精炒匀，起锅即可。

👥 2 人份	🕐 20 分钟	👍 保肝护肾

百合西芹木耳炒鱼滑

材料

腰果、水发木耳、鲜百合各 50 克，西芹 20 克，红辣椒 10 克，鱼滑 100 克

调味料

盐 3 克，鸡精 1 克，食用油适量

制作方法

1. 腰果、百合、鱼滑分别洗净沥干；木耳撕成块；西芹洗净切块；红辣椒洗净切段。

2. 锅中倒油烧热，放入腰果炸熟，再倒入其余原料炒熟。

3. 加盐和鸡精调好味道，即可出锅。

👥 2 人份	🕐 15 分钟	👍 补血养颜

鲜椒鱼柳

材料

鲜鱼 400 克

调味料

盐 3 克，酱油 20 克，葱、香菜各 10 克，鲜花椒 15 克，辣椒 30 克，食用油适量

制作方法

❶ 葱、香菜、辣椒分别洗净切碎；花椒洗净沥干；鲜鱼洗净，取鱼肉切条，抹盐腌渍。

❷ 锅中倒油烧热，鱼肉放入锅中煎至半熟，加盐和酱油调味，倒入鲜花椒、辣椒炒出香味。

❸ 撒上葱花和香菜，即可出锅。

👥 2 人份	🕐 25 分钟	👍 提神健脑

香辣小黄鱼

材料

小黄鱼 500 克，熟芝麻少许

调味料

盐 3 克，醋 8 克，酱油 15 克，红油 20 克，葱少许，食用油适量

制作方法

❶ 小黄鱼洗净，去头；葱洗净，切葱碎。

❷ 锅内注油烧热，放入小黄鱼炸至熟透，加入盐、醋、酱油、红油翻炒入味。

❸ 撒上熟芝麻、葱花即可。

👥 2 人份	🕐 20 分钟	👍 增强免疫力

雪菜黄鱼

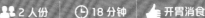

2人份 | **18分钟** | **开胃消食**

材料

雪菜 100 克，黄鱼 350 克

调味料

料酒 10 克，盐 5 克，胡椒粉 3 克，熟油 15 克，酱油 8 克，白糖 12 克，食用油、辣椒适量

制作方法

❶ 黄鱼宰杀洗净，在鱼身上划两刀，用料酒、盐和胡椒粉腌渍 20 分钟；辣椒切末；雪菜洗净，切末。

❷ 将腌好的黄鱼放入烧热的油锅中，大火煎至鱼身两面金黄色，盛出装盘。

❸ 用余油爆香雪菜和辣椒末，放入煎好的黄鱼，调入熟油、酱油、白糖炒匀即可。

2人份 | **20分钟** | **提神健脑**

酸豆角煸鲫鱼

材料

酸豆角 300 克，鲫鱼 350 克

调味料

辣椒 15 克，料酒 10 克，盐 3 克，鸡精 1 克，食用油适量

制作方法

❶ 鲫鱼洗净，切成块；酸豆角，切碎；红辣椒去蒂，洗净，切碎。

❷ 锅倒油烧热，放入鲫鱼炸至酥脆，捞出控油。

❸ 另起油锅烧热，放入辣椒粒、酸豆角碎炒香后，放入鲫鱼块煸炒，加入料酒、盐、鸡精炒匀，出锅即可。

回锅小黄鱼

材料

小黄鱼 300 克

调味料

辣椒、盐各 3 克，番茄酱、姜丝、红辣椒丝各 2 克，食用油、水淀粉、香菜各适量

制作方法

1. 小黄鱼洗净，去鳞、去鳃、去内脏，用盐抹匀，腌渍入味；辣椒洗净切碎。
2. 油锅烧热，放入小黄鱼煎至金黄，捞出沥油。
3. 留余油，爆香辣椒，再放入小黄鱼和番茄酱炒入味，淋上水淀粉勾芡，放姜丝和辣椒丝炒匀，并撒上香菜即可。

👥 1 人份	🕐 15 分钟	👍 降低血糖

碧绿炒双鱿

材料

西蓝花 100 克，鲜鱿鱼、干鱿鱼各 150 克

调味料

盐 3 克，鸡精 1 克，食用油、料酒、香油各适量，青辣椒、辣椒片各少许

制作方法

1. 鲜鱿鱼洗净，切麦穗状；干鱿鱼用水泡开后切麦穗状。
2. 油锅烧热，倒入鱿鱼炒熟，捞出沥油。
3. 余油烧热，放入西蓝花，将熟时倒入鱿鱼、青辣椒片、辣椒片，加盐、料酒、鸡精炒至入味，淋上香油即可装盘。

👥 1 人份	🕐 25 分钟	👍 提高免疫力

川味原汁鲜鱿

材料

鲜鱿鱼 400 克

调味料

盐 3 克，酱油 10 克，葱 15 克，辣椒、豆豉
各 50 克，食用油适量

制作方法

1. 鲜鱿鱼洗净，切圈; 辣椒洗净，切丁; 葱洗净，切葱花。

2. 油锅烧热，放入部分鱿鱼圈炸至金黄香脆，捞出沥油，摆盘。

2. 另起油锅，倒入余下的鱿鱼圈炒至变色，放入辣椒丁、豆豉同炒至熟，加入盐、酱油调味，出锅装盘，最后撒上葱花即可。

👥 2 人份	🕐 25 分钟	👍 开胃消食

香辣鱿鱼卷

材料

水发鱿鱼 250 克，辣椒 35 克

调味料

食用油、葱、姜末、盐、酱油、鸡精、甜面酱
各适量

制作方法

1. 水发鱿鱼洗净，切十字刀花，焯水捞出; 葱洗净，切葱段; 辣椒均洗净，切段。

2. 油锅烧至六成热，放入鱿鱼卷炒至八成熟，捞出，沥油。

3. 用余油将葱段、姜末、辣椒炒香，加入甜面酱炒匀，加入盐、鸡精、酱油调味，放入鱿鱼卷，炒匀即可。

👥 1 人份	🕐 20 分钟	👍 开胃消食

19

老干妈炒鳝片

材料

鳝鱼400克，芹菜段适量

调味料

盐 3 克，红尖椒 30 克，老干妈 10 克，食用油、姜丝、蒜末、花椒、料酒、高汤各适量

制作方法

❶ 鳝鱼洗净切片，用盐、料酒腌渍约 5 分钟；芹菜段焯熟备用。

❷ 起锅入油，将姜丝、花椒、蒜末倒入，煸出香味后放入红尖椒并炒至半熟，加鳝鱼段、芹菜段接着加入老干妈、料酒、高汤，爆炒 2 分钟，即可装盘。

👥 1 人份	🕐 25 分钟	👍 排毒瘦身

鲜蚕豆炒虾仁

材料

蚕豆 250 克，虾仁 80 克

调味料

香油、酱油、鸡精各 5 克，盐 3 克，食用油适量

制作方法

❶ 虾仁洗净，入盐水中泡 10 分钟，去虾线捞出沥干；蚕豆去壳，洗净，放在开水锅中焯一下水，捞出，沥干水分。

❷ 油锅烧热，将蚕豆放入锅内，翻炒至熟，盛盘待用。

❸ 再将油锅烧热，加入虾仁、香油、酱油、鸡精、盐炒香，倒在蚕豆上即可。

👥 1 人份	🕐 17 分钟	👍 提高免疫力

腰果丝瓜虾仁

材料

熟腰果 100 克，丝瓜 20 克，虾仁 250 克

调味料

盐 5 克，酱油、香油、葱、姜片、食用油各适量

制作方法

1. 虾仁去除肠泥，先用少许的盐抓一抓，再用水清洗，沥干水分，加酱油腌 10 分钟；葱切长段，姜切片，丝瓜切块。
2. 锅中加油烧至五成热，投入虾仁，待虾仁色呈粉红即捞出；余油烧热，爆香姜片及葱段，再倒入虾仁、丝瓜块、盐、香油快速拌炒。
3. 加入炸熟的腰果拌匀，即可。

2 人份　　14 分钟　　提神健脑

丝瓜牛蛙仔

材料

丝瓜 250 克，牛蛙 250 克，泡椒 100 克

调味料

辣椒酱 5 克，盐 3 克，姜 10 克，料酒、辣椒油、香菜各少许，食用油适量

制作方法

1. 丝瓜去皮洗净，切条；牛蛙洗净处理好；姜去皮洗净，切片；香菜洗净。
2. 热锅下油烧热，放入姜片、泡椒炒香后，放入牛蛙炒至五成熟时，再放入丝瓜同炒，加辣椒酱、盐、料酒、辣椒油调味，炒熟装盘。
3. 最后用香菜点缀即可。

2 人份　　12 分钟　　保肝护肾

香辣火焙鱼

材料

小鱼干 500 克

调味料

豆瓣酱 15 克，水淀粉 10 克，食用油适量

制作方法

❶ 小鱼干洗净，均匀抹上水淀粉。

❷ 锅倒油烧热，放入小鱼干炸至金黄色，捞出。

❸ 锅中余油烧热，倒入豆瓣酱炒至出红油后，再放入小鱼干炒匀，起锅即可。

👥 2 人份	🕐 15 分钟	👍 增强免疫

湘江火焙鱼

材料

小鱼干 400 克，红、青辣椒各适量

调味料

盐 3 克，鸡精 1 克，醋 8 克，酱油 15 克，食用油适量

制作方法

❶ 小鱼干洗净泥沙；红辣椒、青辣椒洗净，切小条。

❷ 锅内注油烧热，放入小鱼炸至变色，加入红、青辣椒炒匀。

❸ 再加入盐、醋、酱油炒至熟后，加入鸡精调味，起锅装盘即可。

👥 2 人份	🕐 15 分钟	👍 开胃消食

富贵墨鱼片

材料

墨鱼片 150 克，西蓝花 250 克，笋片 5 克

调味料

干葱花 3 克，姜、盐、鸡精、香油各少许，食用油适量

制作方法

❶ 将墨鱼片用刀切好，待用。

❷ 净锅放水烧开，放入西蓝花汆熟，摆在碟上。

❸ 锅倒油烧热把墨鱼片、笋片和调味料放入锅中炒匀，至熟时将锅中食材放在西蓝花上即可。

👥 1 人份	🕐 15 分钟	👍 补血养颜

红腰豆鳕鱼

材料

红腰豆 50 克，鳕鱼 150 克，黄瓜丁适量

调味料

料酒 50 克，鸡蛋 80 克，鸡精 2 克，胡椒粉、盐各 3 克，淀粉 10 克，香油少许，食用油适量

制作方法

❶ 鳕鱼取肉洗净切成小丁，加盐、鸡精、料酒拌匀，再用蛋清、淀粉上浆。

❷ 锅中注水，倒入红腰豆煮沸后捞出；锅中入油烧热，放入鳕鱼肉炒至熟盛出；锅中再放入水、盐、鸡精、胡椒粉，再倒入鳕鱼丁、黄瓜丁、红腰豆。

❸ 用淀粉勾芡，炒匀，淋上少许香油即可。

👥 1人份	🕐 12分钟	👍 增强免疫力

蒜苗咸肉炒鳕鱼

材料

咸五花肉 90 克，鳕鱼 150 克，胡萝卜 130 克

调味料

蒜苗 50 克，盐 3 克，鸡精 1 克，淀粉 6 克，食用油适量

制作方法

❶ 鳕鱼洗净，切成段；用盐、鸡精、淀粉腌渍 5 分钟入味；咸肉洗净切块，入沸水中余 5 分钟；蒜苗洗净，切成段。

❷ 锅倒油烧热，放入鳕鱼、咸肉煸炒至出油，再放入蒜苗、胡萝卜煸炒至熟后。

❸ 加入鸡精调味，翻炒均匀即可。

👥 1人份	🕐 15分钟	👍 养心润肺

蚕豆冬菜炒鱼干

材料

鲜蚕豆仁、冬菜各 50 克，小鱼干 80 克

调味料

盐 3 克，胡椒粉 2 克，鸡精 4 克，香油、水淀粉、料酒、食用油各适量

制作方法

❶ 小鱼干过水，入油锅中炸熟；蚕豆仁过油泡熟；冬菜洗净。

❷ 油烧热，先放入冬菜炒，再放入小鱼干一起炒，放入料酒、胡椒粉、鸡精、盐，再倒入蚕豆仁。

❸ 打少许水淀粉勾芡，淋入香油，出锅装盘即可。

| 👥 1 人份 | 🕐 13 分钟 | 👍 增强免疫力 |

酸辣墨鱼仔

材料

墨鱼仔 150 克，日本蟹柳、水发木耳各 50 克，酸豆角末 20 克，魔芋丝结 70 克

调味料

白醋 10 克，盐 5 克，鸡精、红尖椒、食用油各适量

制作方法

❶ 墨鱼仔、魔芋丝结均洗净；日本蟹柳切片；红尖椒切粒。

❷ 墨鱼仔、日本蟹柳、木耳、魔芋丝结依次入沸水锅焯水后捞起。

❸ 酸豆角、红尖椒放入油锅煸香，放入备好的原材料和调味料炒片刻即可。

| 👥 1 人份 | 🕐 13 分钟 | 👍 增强免疫力 |

蒜蓉炒墨鱼仔

材料

墨鱼仔 200 克

调味料

大蒜 15 克，盐 2 克，鸡精、辣椒、料酒、香菜、食用油各少许

制作方法

❶ 辣椒洗净后切斜段；大蒜洗净后切末；墨鱼仔洗净后加料酒除腥。

❷ 油锅烧热，放入墨鱼仔，炒至将熟时放入辣椒、蒜蓉，加盐、鸡精炒至入味，撒上香菜便可。

👥	🕐	👍
1 人份	15 分钟	养心润肺

蒜香墨鱼皇

材料

墨鱼 350 克

调味料

盐、鸡精各 3 克，料酒、香油各 10 克，大蒜 150 克，食用油适量

制作方法

❶ 墨鱼洗净，切块，切成花刀；大蒜去皮洗净，切末。

❷ 油锅烧热，放入蒜末炒香，再放入墨鱼同炒至熟。

❸ 调入盐、鸡精、料酒炒匀，淋入香油即可。

👥	🕐	👍
2 人份	18 分钟	养心润肺

荷兰豆炒墨鱼

👥 1人份 ｜ 🕐 20分钟 ｜ 👍 补血养颜

材料

荷兰豆100克，墨鱼150克，百合100克

调味料

白糖、鸡精各5克,盐2克,水淀粉10克,蒜片、姜片、葱末各15克,食用油适量

制作方法

❶ 百合洗净掰成片；荷兰豆洗净；墨鱼洗净切片。

❷ 烧锅放热油，放入姜片、蒜片、葱末炒香，加入百合、荷兰豆、墨鱼片一起翻炒。

❸ 加入白糖、盐、鸡精后炒匀，再用水淀粉勾芡即可。

木瓜炒墨鱼片

材料

木瓜150克，墨鱼300克，芦笋、莴笋各适量

调味料

盐4克，鸡精2克，食用油适量

制作方法

❶ 墨鱼洗净，切片；木瓜去皮、切块；芦笋洗净，切段；莴笋洗净，去皮，切块备用。

❷ 墨鱼汆水后捞出，沥干；油锅烧热，放墨鱼片、盐炒匀，再加入木瓜、芦笋、莴笋，翻炒，再加入鸡精，炒匀即可。

👥 1人份 ｜ 🕐 15分钟 ｜ 👍 补血养颜

泡椒墨鱼

材料

泡椒 300 克，墨鱼 400 克，芹菜 150 克

调味料

盐 2 克，酱油 8 克，白糖 10 克，姜末 25 克，料酒 50 克，食用油适量

制作方法

❶ 墨鱼洗净，加料酒、姜末去腥；芹菜洗净斜切成段。

❷ 油锅烧热，放姜末煸香，放入泡椒、墨鱼、盐，快速翻炒。

❸ 加入芹菜翻炒均匀，再放入料酒、酱油、白糖，炒入味后出锅即可。

| 👥 2 人份 | 🕐 16 分钟 | 👍 开胃消食 |

爆海鲜

材料

墨鱼仔、鱿鱼、虾仁各 50 克，荷兰豆 100 克，辣椒少许

调味料

盐、鸡精各 2 克，料酒、香油、淀粉、食用油适量

制作方法

❶ 荷兰豆择洗干净；辣椒洗净切小片；虾仁去虾线洗净。

❷ 墨鱼仔、鱿鱼均洗净，鱿鱼切花刀后都氽水捞出。

❸ 锅中倒油烧热，虾仁、鱿鱼、墨鱼仔放入锅，炒至将熟时倒入荷兰豆、辣椒，加盐、鸡精、香油、料酒调味，用淀粉勾芡即可。

| 👥 1 人份 | 🕐 16 分钟 | 👍 降低血压 |

金针菇炒墨鱼丝

材料

金针菇 150 克，墨鱼 300 克

调味料

盐 4 克，鸡精 2 克，料酒 10 克，青辣椒、辣椒丝各 50 克，食用油适量

制作方法

❶ 墨鱼洗净，切丝；金针菇洗净，去根，切段。

❷ 油锅烧热，放入墨鱼丝煸炒，加盐、料酒，炒匀，再加入金针菇、青辣椒丝、辣椒丝翻炒至熟后，加鸡精，拌匀即可。

👥 2 人份	🕐 12 分钟	👍 降低血压

墨鱼炒鸡片

材料

墨鱼、鸡胸肉各 250 克，芹菜 100 克，胡萝卜 30 克

调味料

盐 5 克，干辣椒丝 10 克，料酒 15 克，食用油适量

制作方法

❶ 墨鱼洗净切片；鸡胸肉洗净切片；芹菜洗净，切段；胡萝卜洗净，切花片备用。

❷ 油锅烧热，放墨鱼片、鸡胸肉爆炒，加料酒、盐、干辣椒丝、芹菜、胡萝卜炒匀即可。

👥 2 人份	🕐 15 分钟	👍 增强免疫

芦笋酱爆墨鱼片

材料

芦笋 100 克，墨鱼 300 克，红辣椒少许

调味料

盐3克，XO酱10克，鸡汁、水淀粉、食用油各适量

制作方法

❶ 墨鱼洗净，切片；芦笋洗净，切段；辣椒洗净，去籽切块。

❷ 油锅烧热，倒入墨鱼炒至变色，加入芦笋、辣椒同炒至熟。

❸ 加入盐、XO 酱、鸡汁调味，用水淀粉勾芡后即可装盘。

👥 1 人份	🕐 23 分钟	👍 增强免疫

干椒明太鱼

材料

明太鱼 300 克

调味料

干辣椒 35 克，盐 4 克，酱油、红油、葱白丝、辣椒丝各 10 克，食用油适量

制作方法

❶ 干辣椒洗净，切片；明太鱼洗净，切块。

❷ 油烧至六成热，放入干辣椒炒香，放入明太鱼炸至颜色微变。

❸ 放入盐、酱油、红油、葱白、辣椒，翻炒均匀即可。

2 人份 ｜ 15 分钟 ｜ 开胃消食

干炒刁子鱼

材料

腊刁子鱼 350 克

调味料

盐、鸡精各 3 克，料酒、香油各 10 克，青、红辣椒、食用油各适量

制作方法

❶ 腊刁子鱼洗净，撕碎；青、红辣椒均洗净，切段。

❷ 油锅烧热，放入青、红辣椒炒香，再入腊刁子鱼同炒。

❸ 调入盐、鸡精、料酒炒匀，淋入香油即可。

2 人份 ｜ 18 分钟 ｜ 开胃消食

一品小炒皇

材料

鱿鱼、虾仁、彩椒各 100 克，百合、芹菜各 50 克

调味料

盐 3 克，鸡精 1 克，食用油适量

制作方法

❶ 鱿鱼洗净切片，切上花刀；虾仁洗净；彩椒、芹菜分别洗净切块；百合洗净。

❷ 锅中倒油烧热，放入所有原材料炒熟。

❸ 放盐和鸡精炒匀入味即可。

1 人份 ｜ 18 分钟 ｜ 增强免疫力

白辣椒炒鱼子

材料

白辣椒 50 克，鱼子 300 克

调味料

葱白、青辣椒、辣椒各 10 克，蚝油 3 克，盐、红油各 2 克，食用油适量

制作方法

❶ 鱼子洗净沥干；白辣椒去蒂洗净；葱白、青辣椒、辣椒分别洗净切段。

❷ 油锅烧热，放入白辣椒、青辣椒、辣椒和葱白炒香，再放入鱼子炒熟，加盐、蚝油和红油调味。

❸ 炒入味后先将辣椒出锅摆盘，再将鱼子倒在辣椒上即可。

👥 2 人份	🕐 20 分钟	👍 开胃消食

木耳炒鲜鱿

材料

木耳 30 克，鲜鱿鱼 360 克

调味料

盐、蒜蓉各 5 克，胡椒粉、香油各少许，淀粉 3 克，辣椒 30 克，葱花少许

制作方法

❶ 木耳浸软和辣椒洗净后切片。

❷ 鲜鱿鱼洗净，切花纹，氽水捞出。

❸ 热油，倒入蒜蓉、木耳、胡椒粉、辣椒炒匀，再放入鲜鱿鱼炒匀，加入淀粉勾芡，撒上葱花，淋入香油即可。

👥 1 人份	🕐 12 分钟	👍 提高免疫力

双椒炒鲜鱿

材料

青辣椒200克，红辣椒100克，鲜鱿鱼500克

调味料

蒜片10克，葱段15克，盐3克，白糖、酱油各2克，淀粉3克，鸡精1克，食用油适量

制作方法

1. 将鲜鱿鱼洗净，切成小段，用开水余一下；青辣椒、辣椒去蒂去籽分别切块，再用水焯至三成熟，捞出沥水。
2. 烧锅下油，将蒜片、葱段在锅中炒香，加入鲜鱿鱼、青辣椒块、辣椒块，翻炒30秒。
3. 加入其他调味料翻炒匀，用淀粉勾芡即可。

2人份 | 15分钟 | 降低血脂

台湾小炒

材料

红辣椒、芹菜各200克，豆腐干300克，虾干、鱿鱼干各150克

调味料

盐2克，酱油3克，辣椒油、食用油适量

制作方法

1. 辣椒、芹菜、豆腐干分别洗净切条；鱿鱼干泡发洗净，切长条；虾干泡发，洗净。
2. 锅中倒油烧热，放入泡好的鱿鱼干、虾干炒香，再放入辣椒、芹菜、豆干炒熟。
3. 放入盐和酱油炒匀入味，倒入盘中即可。

2人份 | 12分钟 | 降低血压

游龙四宝

材料

鱿鱼、虾仁、香菇、干贝各 100 克,上海青 50 克

调味料

盐 3 克,鸡精 2 克,食用油、料酒、香油各适量

制作方法

1. 鱿鱼洗净后切花;虾仁去肠泥,洗净;香菇洗净后切片;干贝用温水泡发;上海青洗净,焯水后捞出装盘。
2. 油锅烧热,烹入料酒,放入鱿鱼、虾仁、干贝、香菇,炒至将熟时放入盐、鸡精、香油,入味后盛在上海青上即可。

👥	🕐	👍
2 人份	20 分钟	保肝护肾

豉油皇鲜鱿筒

材料

鲜鱿鱼 500 克、西蓝花 200 克

调味料

盐 3 克,鸡精 1 克,醋 10 克,豆豉 50 克,熟芝麻、酱油、蚝油、食用油各适量

制作方法

1. 鱿鱼洗净,切成大小均匀的段;西蓝花洗净,掰成大小均匀的朵,用沸水焯一下。
2. 锅内注油烧热,放入豆豉炒香后,去渣留油,再放入鱿鱼翻炒至将熟。
3. 再加入盐、醋、酱油、蚝油、鸡精调味,起锅装盘,撒上熟芝麻,以西蓝花围边即可。

👥	🕐	👍
2 人份	20 分钟	降低血压

香辣鱿鱼虾

材料

鱿鱼、虾各 200 克

调味料

盐 2 克，酱油 8 克，葱、熟芝麻、辣椒各少许

制作方法

❶ 鱿鱼洗净，切块后打上十字花刀；虾洗净，取仁除尾壳；辣椒、葱均洗净，切段。

❷ 油锅烧热，放入辣椒、葱段爆香，倒入鱿鱼、虾仁炒熟。

❸ 加入盐、酱油调味，出锅后撒上熟芝麻即可。

👥 2 人份	🕐 25 分钟	👍 提神健脑

豉汁大吊筒

材料

大吊筒 (即新鲜大鱿鱼)400 克

调味料

盐、鸡精各 8 克，红油 20 克，豆豉 15 克，孜然 10 克，芝麻 5 克，饴糖少许，食用油适量

制作方法

❶ 新鲜大鱿鱼去皮洗净，用盐、鸡精、饴糖将大吊筒腌渍 1 个小时。

❷ 腌好的大鱿鱼入油锅炒熟，捞出用刀切成一个一个的圈，装碟。

❸ 把红油、豆豉、孜然用油煸香后淋在吊筒上，撒上芝麻即可。

👥 2 人份	🕐 70 分钟	👍 开胃消食

芹菜炒鱿鱼

👥 2 人份　🕐 16 分钟　👍 提神健脑

材料

芹菜、鱿鱼各 300 克

调味料

鸡精、胡椒粉各 2 克，食用油 50 克，盐、香油、蚝油各 5 克，料酒 3 克，葱、姜各 10 克，食用油适量

制作方法

❶ 先将鱿鱼洗净后切成条；芹菜切段；葱、姜洗净后，葱切段，姜切丝。

❷ 在锅内将水烧开，放入鱿鱼汆烫，沥干水分后捞出备用；锅内放少许油，将油烧热后，放入芹菜、鱿鱼炒香。

❸ 再将料酒、胡椒粉、蚝油、盐、鸡精放入锅内一起翻炒，最后淋入香油起锅即可。

辣爆鱿鱼丁

材料

鱿鱼200克，青辣椒、红辣椒、干辣椒各25克

调味料

盐 5 克，鸡精 4 克，红油 10 克

制作方法

❶ 将鱿鱼洗净切成丁，放入油锅中滑散备用。

❷ 将青辣椒、红辣椒去籽洗净切块，干红辣椒切段备用。

❸ 锅上火，油烧热，爆香青辣椒、红辣椒和干红辣椒，放入鱿鱼丁炒匀，加入盐、鸡精、红油炒匀入味即可。

👥 1 人份　🕐 13 分钟　👍 降低血压

豉椒鱿鱼筒

材料

鱿鱼 500 克，豆豉、红辣椒、青辣椒各少许

调味料

盐 3 克，鸡精 1 克，醋 10 克，酱油 12 克，食用油适量

制作方法

❶ 鱿鱼洗净，切连刀段；红辣椒、青辣椒洗净，切丁。

❷ 鱿鱼入沸水中氽熟后，捞起沥干装盘；原锅注油烧热，放入豆豉炒香，放入青辣椒、红辣椒炒匀至熟。

❸ 加入盐、醋、酱油、鸡精调味，起锅浇在鱿鱼上即可。

👥 2 人份	🕐 16 分钟	👍 降低血脂

辣味鱿鱼须

材料

鱿鱼须 400 克

调味料

盐 3 克，醋 8 克，酱油 15 克，干辣椒、青辣椒、红辣椒、食用油各适量

制作方法

❶ 鱿鱼须洗净，氽水；干辣椒洗净，切丝；青辣椒、红辣椒洗净，切片。

❷ 干辣椒放入锅炒香，再放入鱿鱼须翻炒至卷起后加入青辣椒、红辣椒炒熟。

❸ 加盐、醋、酱油炒匀入味，起锅装盘即可。

👥 2 人份	🕐 20 分钟	👍 开胃消食

西芹鱿鱼花

材料

西芹、鱿鱼各 150 克

调味料

盐、鸡精各 3 克，料酒、香油各 10 克，食用油适量

制作方法

1. 西芹洗净，切段；鱿鱼洗净，切上花刀，汆水后捞出，切块。
2. 油锅烧热，放入西芹、鱿鱼同炒片刻。
3. 调入盐、鸡精、料酒炒匀，淋入香油即可。

| 👥 1 人份 | 🕐 18 分钟 | 👍 保肝护肾 |

荷兰豆炒鲜鱿

材料

荷兰豆 150 克，鱿鱼 80 克

调味料

盐、鸡精各 3 克，酱油 10 克

制作方法

1. 鱿鱼洗净，切成薄片，入水中焯一下；荷兰豆洗净，撕去豆荚，切去头、尾。
2. 炒锅上火，注油烧至六成热，放入鱿鱼稍炒至八成熟。
3. 放入荷兰豆煸炒均匀，加盐、鸡精、酱油调味，盛盘即可。

| 👥 1 人份 | 🕐 15 分钟 | 👍 补血养颜 |

| 👥 2 人份 | 🕐 13 分钟 | 👍 开胃消食 |

飘香鱿鱼花

材料

鱿鱼 300 克，麻花 100 克，青辣椒、红辣椒各少许

调味料

酱油 10 克，盐、鸡精、食用油适量

制作方法

1. 鱿鱼洗净，切上花刀，再切上块；麻花撕成条；青辣椒、红辣椒洗净，切片。
2. 烧热油，放入鱿鱼炒至将熟，加入麻花条炒匀。
3. 再加入青辣椒、红辣椒炒至熟，加入盐、酱油、鸡精调味，起锅装盘即可。

白果鲜鱿

材料

白果 100 克，鱿鱼肉 400 克

调味料

盐 3 克，料酒 8 克，食用油适量

制作方法

❶ 鱿鱼肉洗净，在表面切上花刀，再切成小块；白果去壳、皮、心，洗净。

❷ 锅内注水烧热，将鱿鱼、白果分别焯水后，捞起沥干装盘。

❸ 油锅烧热，将鱿鱼爆炒至六成熟时，放入白果炒熟，放入盐、料酒调味即可。

| 👥 2 人份 | 🕐 20 分钟 | 👍 保肝护肾 |

鲜鱿丝炒银芽

材料

鱿鱼 300 克，绿豆芽 200 克，青辣椒、红辣椒、黄椒各 10 克

调味料

盐 2 克，鸡精、食用油适量

制作方法

❶ 鱿鱼洗净切丝，氽熟，捞出沥干；绿豆芽洗净；青辣椒、红辣椒、黄椒均去籽洗净，切丝。

❷ 油锅烧热，放入鱿鱼丝翻炒片刻后，倒入绿豆芽、青辣椒、红辣椒、黄椒同炒。

❸ 加盐、鸡精调味，炒熟装盘即可。

| 👥 2 人份 | 🕐 8 分钟 | 👍 增强免疫力 |

| 👥 2 人份 | 🕐 15 分钟 | 👍 排毒瘦身 |

黄瓜爆鱿鱼

材料

黄瓜 50 克，净鱿鱼 400 克

调味料

盐 3 克，鸡精 2 克，料酒、醋、水淀粉、花椒油、食用油各适量

制作方法

❶ 黄瓜洗净切片；鱿鱼洗净，切麦穗花刀，氽水捞出。

❷ 油锅烧热，放入鱿鱼炒至将熟时放黄瓜片，加盐、料酒、鸡精、醋炒熟。

❸ 出锅前以水淀粉勾芡，淋上花椒油即可。

铁板鱿鱼筒

材料
鱿鱼 400 克，洋葱 15 克，卤水适量

调味料
葱末 10 克，海鲜酱、黑胡椒粉、鸡精、食用油各适量

👥 2 人份 | 🕐 20 分钟 | 👍 保肝护肾

制作方法

❶ 将鱿鱼放入沸水中用中火氽 3 分钟，取出后放入卤水中再用微火卤 30 分钟；洋葱洗净，切丝。

❷ 将卤好的鱿鱼筒沿头尾打上间距为 1 厘米的直刀；取一锅，放入食用油，烧至七成热时，放入洋葱丝和葱末煸炒出香味，加入海鲜酱、黑胡椒粉、鸡精调成汁备用。

❸ 取一铁板烧至九成热，将切好的鱿鱼放于铁板上，浇上调好的汁，撒上葱末即可。

芥辣芹菜鲜鱿

材料
鱿鱼 300 克，芹菜、红辣椒适量

调味料
盐、鸡精各 3 克，料酒、芥末油、香油各 10 克，食用油适量

制作方法

❶ 鱿鱼洗净，切成长条；芹菜洗净，切段；红辣椒洗净，切丝。

❷ 油锅烧热，放入鱿鱼滑炒至八成熟，放入芹菜、红辣椒同炒至熟。

❸ 调入盐、鸡精、料酒、芥末油炒匀，淋入香油即可。

👥 2 人份 | 🕐 15 分钟 | 👍 降低血压

麻辣鳝片

材料

鳝鱼 300 克，青辣椒 100 克，红辣椒 15 克

调味料

大蒜、料酒、水淀粉各 10 克，盐 3 克，食用油适量

制作方法

❶ 青辣椒、辣椒去蒂、去籽洗净，切片；大蒜去皮，洗净，切片；鳝鱼洗净，对半切开再切片。

❷ 油锅烧热，放入鳝鱼片及青辣椒略炒一下立即盛出。

❸ 用烧热的余油爆香辣椒及大蒜，倒入炒过的鳝鱼及青辣椒拌炒，加入料酒、盐炒匀，水淀粉勾芡即可盛出。

👥 2 人份	🕐 12 分钟	👍 补血养颜

金针菇炒鳝丝

材料

金针菇 100 克，鳝鱼 250 克，红辣椒 20 克

调味料

葱 10 克，盐、姜、大蒜、料酒各 5 克，鸡精、糖各 2 克，米醋、酱油各适量

制作方法

❶ 鳝鱼、红辣椒、姜均洗净，切丝；葱洗净切段。

❷ 金针菇焯水后入盘；鳝丝汆水后过油略炒。

❸ 锅留底油，入姜、大蒜煸香，再下料酒、鳝丝、红辣椒丝、葱段一起炒，起锅前加剩余调味料调味，盛在汆过水的金针菇上面即可。

👥 1 人份	🕐 13 分钟	👍 提神健脑

百合橙子鱼片

材料
百合、橙子各 50 克，鱼肉 200 克，青辣椒、红辣椒、香菇各适量

调味料
盐、料酒、香油、食用油各适量

制作方法
1. 鱼肉洗净切片，用盐和料酒腌渍；橙子洗净切片，摆在盘子周围；香菇洗净，撕成小块；青辣椒、红辣椒洗净切块；百合洗净撕成片。
2. 倒油入锅，油浇热后倒入青辣椒、红辣椒和香菇，加少许盐翻炒，再倒入鱼片和百合，略翻，淋上香油，出锅装盘即可。

👥	🕐	👍
1 人份	15 分钟	补血养颜

芹菜熘青鱼

材料
青鱼肉 300 克，芹菜、黄椒、红辣椒各 50 克

调味料
盐 4 克，料酒、淀粉、蛋清、姜末、蒜末、蚝油、鸡精、食用油各适量

制作方法
1. 青鱼肉洗净切条，用盐、料酒、蛋清、淀粉腌渍好；红辣椒、黄椒、芹菜洗净切条。
2. 起油锅，先把青鱼条滑熟捞出；余油放入姜末、蒜末煸香，接着下辣椒条、芹菜翻炒入味。
3. 倒入滑好的青鱼条，翻炒均匀，加蚝油、鸡精调味即成。

👥	🕐	👍
2 人份	15 分钟	提高免疫力

小炒鱼丁

材料

鱼肉、豌豆、红辣椒、玉米各 50 克，香菇丁、荷兰豆各适量

调味料

盐 3 克，料酒、鸡精、水淀粉、食用油各适量

制作方法

❶ 鱼肉、红辣椒均洗净切丁；豌豆、玉米、荷兰豆洗净后焯水。

❷ 油锅烧热，加鱼丁、盐、料酒滑熟后，放香菇丁、玉米、豌豆翻炒，再放入红辣椒、荷兰豆，炒匀，熟时，加入鸡精，以水淀粉勾芡即可。

👥 1 人份	🕐 12 分钟	👍 补血养颜

芹菜炒鳝鱼

材料

芹菜 200 克，鳝鱼 25 克

调味料

盐 4 克，鸡精 3 克，葱、姜、食用油各适量

制作方法

❶ 将芹菜洗净后切成小段；葱洗净，切段；姜洗净，切丝。

❷ 将鳝鱼洗净切成片，用盐腌渍入味。

❸ 锅上火加油烧热，爆香葱、姜后，放入鳝鱼片爆炒，再加入芹菜段炒匀，加入盐、鸡精调味即可。

👥 1 人份	🕐 15 分钟	👍 补血养颜

金银鱼玉米粒

材料

无骨鱼肉 400 克，玉米粒 150 克，青辣椒、红椒丁

调味料

盐、淀粉、食用油各适量

制作方法

❶ 鱼肉洗净，切成玉米粒大小的丁；青辣椒、红辣椒洗净切成小丁；玉米粒洗净。

❷ 起油锅，加入鱼肉丁翻炒片刻，加入玉米粒、青辣椒丁、红辣椒丁，放盐翻炒片刻，倒入适量清水，继续翻炒，炒至水分快干时加入淀粉勾芡即成。

| 👥 2 人份 | 🕐 20 分钟 | 👍 养心润肺 |

鲜百合嫩鱼丁

材料

鱼肉 400 克，百合、白果、芹菜各适量，红辣椒少许

调味料

盐、鸡精各 3 克，料酒 8 克

制作方法

❶ 鱼肉洗净，切丁；百合洗净；白果去壳，洗净；芹菜洗净，切块；红辣椒洗净切片。

❷ 锅内注水烧沸后，分别放入百合、白果、芹菜、红辣椒、鱼丁煮熟后，捞起沥干装盘。

❸ 再向盘中加入盐、鸡精、料酒拌匀，即可食用。

| 👥 2 人份 | 🕐 15 分钟 | 👍 提高免疫力 |

炒三丁

材料

鱼肉 20 克，玉米粒 250 克、红辣椒适量

调味料

盐、鸡精、胡椒粉、水淀粉、食用油各适量

制作方法

❶ 鱼肉洗净切成玉米粒大小的丁；红辣椒洗净切成类似玉米粒大小的丁；玉米粒洗净。

❷ 起油锅，将鱼肉倒入，加盐翻炒 1 分钟，再倒入玉米粒和红辣椒丁，翻炒至熟。

❸ 出锅前以鸡精和胡椒粉调味，加入水淀粉勾芡即成。

👥 2 人份	🕐 20 分钟	👍 降低血脂

江南鱼末

材料

鱼肉 200 克，松子仁、玉米粒、豌豆、胡萝卜丁各 50 克，黄瓜、红辣椒各适量

调味料

盐、鸡精各 3 克，料酒 10 克，食用油适量

制作方法

❶ 黄瓜、红辣椒均洗净，切片摆盘；松子仁、玉米粒、豌豆均洗净；鱼肉洗净，切末。

❷ 油锅烧热，放入鱼末滑熟，再放入胡萝卜、松子仁、玉米粒、豌豆炒熟。

❸ 加盐、鸡精、料酒炒匀，起锅盛入摆有黄瓜片、红辣椒片的盘中即可。

👥 2 人份	🕐 15 分钟	👍 排毒瘦身

豉香耗儿鱼

材料

耗儿鱼 300 克，豆豉、洋葱、熟芝麻各适量

调味料

盐 3 克，酱油 15 克，干辣椒、葱、食用油各适量

制作方法

❶ 耗儿鱼洗净，去头；洋葱洗净，切片；干辣椒洗净，切圈；葱洗净切花。

❷ 锅内注油烧热，放入豆豉炒香，再放入耗儿鱼翻炒至变色后，加入干辣椒、酱油炒匀。

❸ 炒至熟后，起锅装盘，撒上熟芝麻、排上洋葱片即可。

2 人份	30 分钟	防癌抗癌

方鱼炒芥蓝

材料

方鱼 200 克，芥蓝 300 克

调味料

盐 2 克，蒜末、食用油适量

制作方法

❶ 方鱼洗净，取鱼肉剪成小块，放热油中炸至金黄色，捞出待用。

❷ 芥蓝取梗洗净切片，放入滚水中焯软，沥干待用。

❸ 锅中倒油烧热，放入蒜末爆香，加入芥蓝和方鱼炒匀调味即可。

2 人份	18 分钟	排毒瘦身

2 人份	14 分钟	开胃消食

红袍鲶鱼

材料

红泡椒、鲶鱼各 150 克

调味料

大葱、红油各 10 克，盐 3 克，食用油适量

制作方法

❶ 大葱洗净，切成小段；鲶鱼洗净，切成小块。

❷ 炒锅上火，注油烧至六成热，放入红泡椒炒香，放入鲶鱼炒至表皮颜色微变。

❸ 加水焖 3 分钟，放入大葱、盐、红油调味，炒匀即可。

茄汁鱼片

材料

草鱼（中段）300 克，洋葱、青辣椒各 50 克

调味料

番茄酱 15 克，料酒、酱油、糖、香油各 5 克，盐 3 克，淀粉 20 克，红薯粉、面粉各 10 克，食用油适量

制作方法

❶ 青辣椒去蒂及籽，洋葱去皮，均洗净，切成丁；红薯粉、面粉、淀粉混合成粉料。

❷ 草鱼洗净，切片，装碗，加入料酒、酱油、淀粉、盐腌 10 分钟，捞出，蘸裹粉料，放入热油锅中，炸至金黄色，捞出，沥干油。

❸ 锅中留油烧热，炒香洋葱及青辣椒，倒入草鱼肉、酱油、番茄酱、糖、香油和适量水炒匀，即可。

2 人份　｜　20 分钟　｜　开胃消食

秘制香辣鱼

材料

草鱼 400 克，红尖椒块 80 克，菜心 200 克

调味料

豆豉 20 克，盐、料酒、香油、水淀粉、葱花、姜末、蒜末各适量

制作方法

❶ 草鱼洗净，从鱼肚处切开成两半，加盐、料酒、水淀粉腌渍 15 分钟，再氽烫捞出；菜心择去叶洗净，烫熟摆盘。

❷ 草鱼入锅煎熟，捞出待用。

❸ 锅内留少许油，放入辣椒块、豆豉、姜末、蒜末煸香，再倒入香油炒匀，倒在鱼上，撒上葱花即成。

2 人份　｜　60 分钟　｜　增强免疫力

荷兰豆虾仁

材料

虾仁 300 克，荷兰豆 200 克

调味料

盐 4 克，鸡精 2 克，料酒、水淀粉各 15 克

制作方法

❶ 荷兰豆洗净，去老茎；虾仁洗净，加盐、料酒腌渍，以水淀粉上浆，备用。

❷ 油锅烧热，放入虾仁滑熟，捞出；另起油锅，放入荷兰豆翻炒均匀，加水、盐、虾仁焖煮。

❸ 煮好，加鸡精炒匀，装盘即可。

| 👥 2 人份 | 🕐 12 分钟 | 👍 增强免疫 |

龙豆炒虾球

材料

龙豆 150 克，虾仁 200 克

调味料

盐 4 克，料酒、水淀粉、香油各 10 克，食用油适量

制作方法

❶ 虾仁洗净，加盐、料酒腌渍，再以水淀粉上浆；龙豆洗净，切段。

❷ 油锅烧热，放入虾仁滑熟，再放入龙豆同炒片刻。

❸ 加盐翻炒均匀，淋入香油，装盘即可。

| 👥 1 人份 | 🕐 20 分钟 | 👍 保肝护肾 |

| 👥 1 人份 | 🕐 20 分钟 | 👍 提高免疫力 |

西蓝花带子炒虾

材料

西蓝花 100 克，带子 200 克，虾仁 150 克，青辣椒丁、红辣椒丁各少许

调味料

盐 2 克，鸡精 1 克，蚝油 10 克，料酒、食用油适量

制作方法

❶ 虾仁、带子洗净，用料酒稍腌；西蓝花洗净，掰成小朵。

❷ 虾仁、带子入锅滑炒至变色，放入西蓝花和青辣椒丁、红辣椒丁炒熟。

❸ 加入盐、鸡精、蚝油调味，炒匀后即可。

双椒炒虾仁

材料

青辣椒、红辣椒各 100 克，虾仁 200 克，核桃仁 80 克，黄瓜、胡萝卜各适量

调味料

盐 3 克，鸡精、白醋、食用油各适量

制作方法

❶ 虾仁洗净；青辣椒、红辣椒均洗净切丁；黄瓜、胡萝卜均洗净切片。

❷ 油锅置火上，放入虾仁滑炒片刻，再放入青辣椒、红辣椒、核桃仁一起炒至五成熟时，加盐、鸡精、白醋调味，稍微加点水炒匀至熟装盘。

❸ 将黄瓜片、胡萝卜摆盘即可。

👥 1 人份	🕐 8 分钟	👍 提高免疫力

鸡蛋虾仁

材料

鸡蛋清 80 克，鲜虾仁 300 克

调味料

盐 3 克，淀粉、小苏打、香油、鸡精、高汤、食用油各适量

制作方法

❶ 鲜虾仁洗净，沥干水分后放入碗中，加蛋清、盐、淀粉、小苏打，再加油拌和，放入冰箱内冷藏 2 个小时。

❷ 油锅烧热，放入虾仁迅速滑散，至九成熟时捞出沥油。

❸ 将高汤、鸡精、盐和淀粉调成芡汁；锅置火上，放入虾仁，倒入芡汁，待芡汁变稠时加入香油炒匀，装盘即可。

👥 2 人份	🕐 140 分钟	👍 提神健脑

福寿四宝虾球

材料

虾仁 300 克，黄瓜 200 克，白果、蟹柳各 150 克，枸杞子 30 克，玉米粒 100 克，松子仁 20 克

调味料

鸡精 1 克，盐、料酒各 3 克，淀粉、食用油各适量

制作方法

1. 黄瓜洗净分切成片和丁；白果、玉米粒洗净，焯水沥干；蟹柳洗净切段；枸杞子用水浸泡。
2. 虾仁用盐、鸡精、料酒拌匀，水淀粉上浆，倒入热油锅滑炒，盛起。
3. 锅留油烧热，加白果、黄瓜丁、玉米粒、松子仁、枸杞子、蟹柳、虾仁炒匀，加入盐、鸡精调味，放入已经摆好的盘中即可。

👥 2 人份	🕐 20 分钟	👍 保肝护肾

鲜人参白果炒虾仁

材料

白果、新鲜人参各 50 克，虾仁 300 克，荷兰豆 100 克

调味料

盐 3 克，鸡精 1 克，酱油 10 克，食用油适量

制作方法

1. 虾仁洗净；荷兰豆洗净，择去头尾；白果去壳洗净；新鲜人参洗净，个大的一剖为二。
2. 油锅烧热，放入虾仁滑炒至变色，放入荷兰豆、白果、人参炒熟。
3. 调入盐、鸡精、酱油，炒匀后即可出锅。

👥 2 人份	🕐 15 分钟	👍 提神健脑

清炒大虾肉

材料

大虾 300 克，黄瓜 50 克，红辣椒、白果各适量

调味料

盐 3 克，鸡精 2 克，葱白 50 克，料酒、淀粉、香油、食用油各适量

制作方法

❶ 红辣椒洗净切菱形片；白果去壳洗净；黄瓜洗净，切丁；大虾洗净后用料酒腌渍一下。

❷ 腌好的大虾放入蒸屉，蒸熟放凉后剔出虾肉。

❸ 油锅烧热，放入大虾肉、白果、黄瓜丁、葱白、红辣椒，加盐、鸡精、香油一同翻炒，最后用水淀粉勾芡即可。

👥 2 人份	🕐 18 分钟	👍 保肝护肾

小炒牛蛙

材料

牛蛙 350 克，青辣椒、红辣椒各 50 克

调味料

盐 3 克，鸡精 2 克，酱油 15 克，食用油适量

制作方法

❶ 牛蛙治净，斩块；青辣椒、红辣椒洗净，切圈。

❷ 油锅烧热，放入青辣椒、红辣椒爆香，再倒入牛蛙炒熟。

❸ 加入盐、鸡精、酱油炒至入味，即可出锅。

👥 2 人份	🕐 12 分钟	👍 养心润肺

49

鲜马蹄炒虾仁

材料

马蹄 200 克，虾仁 250 克，荷兰豆适量

调味料

盐、鸡精各 2 克，水淀粉、食用油适量

制作方法

1. 虾仁洗净备用；马蹄去皮洗净，切片；荷兰豆去头尾，洗净，切段。
2. 热锅放入油烧热，放入虾仁、马蹄、荷兰豆炒至五成熟时，加盐、鸡精调味。
3. 起锅前，用水淀粉勾芡即可装盘。

👥 2 人份	🕐 8 分钟	👍 提神健脑

虾干炒双脆

材料

干虾仁 100 克，荷兰豆、莲藕各 200 克，红辣椒 50 克

调味料

盐 3 克，香油少许，食用油适量

制作方法

1. 虾仁浸泡后洗净切段；荷兰豆、红辣椒分别洗净切片；莲藕洗净，去皮切条。
2. 油烧热，放入莲藕和荷兰豆、红辣椒炒熟，再放入虾仁炒熟。
3. 加盐调味，淋上香油即可。

👥 1 人份	🕐 15 分钟	👍 提神健脑

蒜酥虾球

材料

虾仁 300 克，生菜 100 克，辣椒 10 克

调味料

料酒 15 克，大蒜、淀粉各 10 克，盐、胡椒粉各 4 克，食用油适量

制作方法

1. 虾仁洗净，在虾背上划刀，装盘，加入盐、胡椒粉、料酒腌 10 分钟，再加入淀粉拌匀；大蒜去皮，辣椒去蒂，均洗净，切末；生菜洗净，平铺盘中。
2. 锅烧热，放入虾仁炸熟，捞出。
3. 锅中留油烧热，放入大蒜炒至酥脆，再倒入辣椒、虾仁及料酒、水淀粉和适量盐炒匀，盛在摆有生菜的盘中即可。

👥 2 人份	🕐 18 分钟	👍 开胃消食

橄榄菜炒虾丁

材料

橄榄菜 30 克，虾 150 克，菜心梗 100 克，鸡蛋 80 克，红辣椒 20 克

调味料

盐 3 克，面粉 30 克，食用油适量

制作方法

1. 菜心梗洗净，切丁；虾取虾仁，洗净；鸡蛋打匀，放入淀粉，拌成蛋糊；红辣椒洗净，切块。
2. 油锅烧热，将虾仁裹上蛋糊后放入油锅炸至金黄色，捞起。
3. 用余油将菜心梗、红辣椒，橄榄菜，炒熟，最后放入炸熟的虾仁翻炒均匀即可。

👥 1 人份	🕐 18 分钟	👍 提神健脑

嫩玉米炒虾仁

材料

嫩玉米粒，虾仁 100 克，莴笋、胡萝卜各 50 克

调味料

盐 3 克，料酒、鸡精、淀粉、香油、食用油各适量

制作方法

❶ 莴笋、胡萝卜去皮后洗净，切块；虾仁洗净；嫩玉米粒洗净后煮熟，备用。

❷ 油锅烧热，烹入料酒，放入虾仁炒至八成熟后捞出。

❸ 锅内留少许余油，倒入莴笋、胡萝卜炒至将熟，倒入玉米粒、虾仁，加盐、鸡精、香油同炒，最后用水淀粉勾芡便可。

👥 1 人份	🕐 15 分钟	👍 降低血脂

香味小河虾

材料

小河虾 350 克，青辣椒、红辣椒各 50 克

调味料

酱油 6 克，盐 4 克，大蒜、鸡精、食用油各适量

制作方法

❶ 小河虾洗净，沥干备用；青辣椒、红辣椒分别洗净切圈；大蒜去皮，洗净切末。

❷ 锅中注油烧热，放入大蒜末爆香，加入小河虾炒至变色，调入酱油，并加入青辣椒、红辣椒炒至熟。

❸ 加盐和鸡精调味，炒至小河虾酥脆时起锅盛盘即可。

👥 2 人份	🕐 14 分钟	👍 补充钙质

番茄酱虾仁锅巴

材料

虾仁、青辣椒、锅巴各 350 克

调味料

番茄酱、白醋、糖、盐、鸡精、料酒、淀粉、食用油各适量

制作方法

1. 虾仁洗净，加入盐、鸡精、料酒、淀粉、油拌匀；青辣椒去蒂去籽，洗净，切成小块。
2. 锅巴放入油锅炸至香脆后捞出装盘。
3. 锅倒油烧热，放入青辣椒煸炒一下后，加入虾仁滑炒至熟，然后调入番茄酱，淋入白醋，加糖、盐调味，最后浇在锅巴上即可。

👥 2 人份	🕐 10 分钟	👍 开胃消食

潇湘小河虾

材料

小河虾 300 克，蒜苗 30 克，红辣椒丁、青辣椒丁各 20 克

调味料

豆豉 15 克，盐 3 克，鸡精 1 克，食用油适量

制作方法

1. 小河虾洗净；蒜苗洗净切小段。
2. 锅中倒油烧热，倒入小河虾炸至八成熟后，捞出；用余油炒香蒜苗，倒入小河虾、豆豉炒匀，然后加入青辣椒丁、红辣椒丁炒至断生。
3. 加入盐、鸡精翻炒至入味，出锅即可。

👥 2 人份	🕐 14 分钟	👍 保肝护肾

豌豆炒虾丁

材料
豌豆 300 克，虾仁 100 克，红辣椒少许

调味料
盐 3 克，料酒、食用油各适量

制作方法
① 豌豆洗净；红辣椒洗净切丁；虾仁洗净，切丁，用料酒腌渍。
② 油锅烧热，倒入虾丁，炒至变色后倒入豌豆，烹入少许清水将豌豆焖熟。
③ 汤干后放入红辣椒丁，加盐炒至入味即可。

👥 2 人份	🕐 12 分钟	👍 提高免疫力

翡翠虾仁

材料
鲜虾仁 200 克，豌豆 300 克，滑子菇 20 克

调味料
盐 3 克，淀粉 5 克，食用油适量

制作方法
① 虾仁洗净；豌豆和滑子菇洗净沥干；淀粉加水拌匀。
② 锅中倒油烧热，放入豌豆炒熟，再倒入滑子菇和虾仁翻炒。
③ 全部炒熟后加盐调味，倒入水淀粉勾一层薄芡即可。

👥 2 人份	🕐 20 分钟	👍 增强免疫力

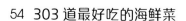

金盏白雪虾球

👥 2 人份　｜　🕐 20 分钟　｜　👍 提神健脑

材料
鸡蛋清 300 克，虾仁、松子仁、鱼子各适量

调味料
盐 3 克，料酒、食用油各适量

制作方法
1. 松子仁、鱼子洗净；虾仁洗净；鸡蛋清中加入盐搅匀。
2. 油锅烧热，倒入鸡蛋清略炒后划散，装入金盏中。
3. 油锅烧热，烹入料酒，放入虾仁、松子仁、鱼子，加入盐炒至断生后，盛在装有鸡蛋的金盏上即可。

清炒虾仁

材料
虾仁 300 克，芥蓝 200 克，胡萝卜 150 克

调味料
盐 3 克，鸡精 1 克，料酒、水淀粉各 15 克

制作方法
1. 虾仁洗净，用料酒腌渍后以水淀粉上浆；芥蓝取梗洗净，削去老皮，切成斜段；胡萝卜洗净，切块。
2. 油锅烧热，放入虾仁滑熟，再放入芥蓝、胡萝卜同炒片刻。
3. 放入盐、鸡精炒匀，盛入盘中。

👥 2 人份　｜　🕐 17 分钟　｜　👍 排毒瘦身

百合白果炒虾仁

材料

鲜百合、白果、芦笋各适量，虾仁 200 克

调味料

盐 3 克，鸡精 2 克，水淀粉、料酒各 10 克，食用油适量

制作方法

❶ 虾仁洗净，用料酒腌渍片刻；鲜百合洗净；白果去壳去皮，洗净；芦笋洗净，切段。

❷ 油锅烧热，放入虾仁炒至变色，倒入鲜百合、白果、芦笋同炒。

❸ 加入盐、鸡精调味，用水淀粉勾芡后装盘即可。

👥 1 人份	🕐 20 分钟	👍 养心润肺

水果虾球

材料

黄瓜、菠萝、樱桃各 50 克，虾仁 250 克

调味料

盐 3 克，鸡精 2 克，糖 5 克，食用油适量

制作方法

❶ 虾仁洗净，用盐腌渍片刻；黄瓜、菠萝洗净，取肉剁成球状；樱桃去柄洗净。

❷ 油锅烧热，倒入虾仁、黄瓜球、菠萝球、樱桃翻炒至熟。

❸ 加入盐、鸡精、糖调味，炒匀后即可装盘。

👥 1 人份	🕐 13 分钟	👍 补血养颜

核桃仁炒虾球

材料

核桃仁 200 克，虾 100 克，青辣椒、红辣椒各少许

调味料

盐 3 克，鸡精 1 克，醋 8 克，酱油 12 克，食用油适量

制作方法

❶ 虾洗净，取虾仁备用；核桃仁洗净；青辣椒、红辣椒洗净，切斜片。

❷ 锅内注油烧热，放入虾仁炒至变色后，加入核桃仁、青辣椒、红辣椒炒匀。

❸ 再加入盐、醋、酱油炒至熟后，加入鸡精调味，起锅装盘即可。

| 👥 1 人份 | 🕐 12 分钟 | 👍 提高免疫力 |

南瓜百合鲜虾球

材料

南瓜 200 克，百合 100 克，虾 250 克，红辣椒少许

调味料

盐、鸡精各 2 克，料酒 10 克，香油少许，食用油适量

制作方法

❶ 虾洗净，取虾仁；南瓜洗净，去籽切丁；百合泡发，沥水备用；红辣椒洗净，切块。

❷ 油锅烧热，倒入虾仁爆炒，放入南瓜、百合、红辣椒同炒至熟。

❸ 调入盐、鸡精、料酒、香油炒至入味，即可装盘。

| 👥 2 人份 | 🕐 25 分钟 | 👍 提高免疫力 |

核桃虾仁

材料

核桃仁 100 克，虾仁 250 克，鸡蛋 80 克

调味料

盐 3 克，糖浆、香菜、熟芝麻各少许，食用油适量

制作方法

❶ 虾仁、香菜均洗净；核桃仁去衣，裹上糖浆；鸡蛋打散，加盐搅拌成蛋液裹在虾仁表面。

❷ 油锅烧热，放入核桃仁炸香，捞出沥油装盘。

❸ 用余油将虾仁炒熟，出锅盛在核桃仁上，撒上香菜、熟芝麻即可。

| 👥 2 人份 | 🕐 25 分钟 | 👍 提神健脑 |

青豆百合虾仁

材料

青豆、百合、虾仁各 80 克，橙子适量

调味料

盐、鸡精各 3 克，食用油适量

制作方法

❶ 橙子洗净，切片，摆盘；虾仁、青豆、百合均洗净，分别放入沸水中氽烫去异味，捞出沥水。

❷ 油锅烧热，放入虾仁、青豆炒至八成熟，再放入百合同炒片刻。

❸ 调入盐、鸡精炒匀，起锅盛在橙片上即可。

| 👥 1 人份 | 🕐 13 分钟 | 👍 开胃消食 |

香酥河虾

材料

小河虾 400 克，辣椒 10 克

调味料

料酒 10 克，葱、大蒜各 15 克，盐 3 克，食用油适量

制作方法

❶ 小河虾洗净；葱、辣椒均洗净，大蒜去皮，均切末备用。

❷ 油锅烧热，爆香葱、大蒜及辣椒，放入小河虾快炒，再加入料酒、盐炒匀即可盛出。

2 人份 | 10 分钟 | 开胃消食

清炒野生河虾仁

材料

野生河虾仁 400 克，蚕豆、红辣椒各少许

调味料

盐 3 克，鸡精 2 克，料酒、香油、食用油各适量

制作方法

❶ 蚕豆洗净热水氽熟；红辣椒洗净，切小块；野生河虾仁洗净，用料酒腌渍去腥。

❷ 油锅烧热，倒入河虾仁炒至变色，倒入蚕豆、红辣椒同炒至熟。

❸ 加盐、鸡精、香油炒至入味即可。

2 人份 | 14 分钟 | 增强免疫

水果虾仁

材料

菠萝、西瓜各 150 克，虾仁 300 克，圣女果、青辣椒、百合、梨各 80 克

调味料

盐、料酒、鸡蛋清、淀粉、食用油各适量

制作方法

❶ 虾仁洗净，加入盐、料酒、鸡蛋清、淀粉拌匀，腌渍片刻；菠萝、西瓜、梨削皮，洗净切丁；圣女果洗净切片；百合洗净，焯水后捞出。

❷ 锅倒油烧热，倒入虾仁、青辣椒、菠萝丁、西瓜丁、圣女果、百合、梨略炒片刻。

❸ 加料酒、盐炒匀即可。

2 人份 | 16 分钟 | 排毒瘦身

白果百合炒虾仁

材料

白果 100 克，百合 80 克，虾仁 200 克，黄瓜、胡萝卜、莴笋各 60 克

调味料

鸡精 2 克，盐 3 克，料酒、水淀粉、食用油各适量

制作方法

❶ 白果、百合均洗净；虾仁洗净；胡萝卜、莴笋均去皮洗净切丁；黄瓜洗净切片。

❷ 热锅下油，放入白果略炒，再放入虾仁、莴笋、胡萝卜、百合同炒。

❸ 加鸡精、盐、料酒炒至入味，熟后用水淀粉勾芡装盘，再将黄瓜片摆盘点缀即可。

1 人份 | 8 分钟 | 养心润肺

荔枝虾球

材料

荔枝 200 克，虾 300 克，洋葱片、鸡蛋清、
青辣椒片、红辣椒片各适量

调味料

盐 3 克，番茄酱、水淀粉、食用油各适量

制作方法

❶ 虾洗净，取虾仁；荔枝去壳、核，与虾仁
　加鸡蛋清、水淀粉拌匀，裹成球状。

❷ 油锅烧热，放入虾球、荔枝炸至金黄色，
　放青辣椒片、红辣椒片、洋葱同炒片刻。

❸ 放入盐、番茄酱炒匀即可。

👥 2 人份	🕐 16 分钟	👍 补血养颜

豌豆白果炒虾仁

材料

豌豆 80 克，白果 150 克，虾仁 250 克

调味料

盐 4 克，鸡精 2 克，料酒 10 克，食用油适量

制作方法

❶ 虾仁洗净，用盐、料酒腌渍；豌豆、白果
　均洗净备用。

❷ 油锅烧热，放入虾仁滑熟，捞出备用。

❸ 锅内余少许油，再放入豌豆、白果翻炒，
　加水煮开。

❹ 至汤汁浓稠，加盐、鸡精调味，放入虾仁炒匀，
　淋入香油，装盘即可。

👥 2 人份	🕐 22 分钟	👍 降低血脂

02

凉拌篇

脆爽凉拌菜 x 省时又美味

不想下厨怎么办？凉拌！

色泽鲜艳、鲜香可口是凉拌海鲜菜最大的特点。

与其他的烹饪方法相比，凉拌有着得天独厚的优势——省时，无须长时间等待，无须忍受油烟侵袭。只需把食材放入开水里烫熟，再加入自己钟爱的调味料拌匀，就做成了独具特色又美味可口的凉拌菜。

本章将为大家介绍凉拌海鲜菜的配料秘诀以及具体的制作过程，让您一学就会。

老醋蜇头

材料

海蜇 150 克，黄瓜 300 克，香菜适量

调味料

盐 3 克，熟白芝麻、姜、大蒜各 5 克，酱油、醋、香油各适量

制作方法

❶ 海蜇洗净；黄瓜洗净切块，加盐腌渍入味；香菜洗净；姜、大蒜均去皮洗净，切末。

❷ 水放入锅中煮开，放入海蜇氽熟后，捞出沥干水分，放入装有黄瓜的盘中，撒上熟白芝麻，放上香菜。

❸ 将姜、大蒜、酱油、醋、香油一起做成调味汁，蘸食即可。

👥 2 人份	🕐 8 分钟	👍 提神健脑

拌粉皮鲫鱼

材料

粉皮 500 克，鲫鱼 500 克

调味料

料酒 20 克，豆豉蓉、香油，酱油、葱花各 5 克，蒜末、辣椒油各 10 克，鸡精、姜丝各 3 克，盐、葱段各 2 克，食用油适量

制作方法

❶ 将鲫鱼洗净，与盐、料酒、姜丝、葱段拌匀，腌渍入味，再入锅煎熟。装盘备用。

❷ 用料酒、蒜末、葱花、姜丝、豆豉蓉、辣椒油、酱油、鸡精、盐、香油调成调味汁；粉皮切成片，在沸水中氽熟，沥干水分，与调味汁拌匀，倒在鱼身上即成。

👥 2 人份	🕐 40 分钟	👍 开胃消食

爽口虾

材料

虾仁 250 克，黄瓜条、干红辣椒、草菇、滑子菇各适量

调味料

盐、料酒、红油、花椒、葱花各少许，食用油适量

制作方法

1. 虾仁洗净；干红辣椒、草菇、滑子菇均洗净。
2. 锅内注水煮沸，分别放入虾仁、草菇、滑子菇氽熟，捞出沥水，与黄瓜条一起摆盘。
3. 油锅烧热，放入干红辣椒与所有调味料调成调味汁，淋入盘中即可。

👥 1人份	🕐 18分钟	👍 保肝护肾

拌海蜇皮

材料

海蜇皮 350 克，金针菇 150 克，小黄瓜、胡萝卜丝、辣椒圈、蒜蓉各适量

调味料

酱油、糖、醋、盐、香油各适量

制作方法

1. 小黄瓜洗净切丝；金针菇去根部，洗净氽水，捞出沥干。
2. 海蜇皮洗净，氽水后切丝。
3. 所有材料放入碗中，加酱油、糖、醋、盐、香油调匀即可。

👥 2人份	🕐 15分钟	👍 增强免疫力

老虎菜拌蜇头

材料

海蜇头 150 克, 青辣椒、黄瓜各 100 克, 红辣椒少许

调味料

盐 3 克, 鸡精 1 克, 香油、酱油各 8 克, 大葱、香菜各适量

制作方法

① 海蜇头洗净, 切片, 入沸水氽熟后捞出, 沥水备用。

② 青辣椒、黄瓜、红辣椒洗净, 切丝; 大葱、香菜洗净, 切段; 用盐、鸡精、香油、酱油调成调味汁。

③ 海蜇头、青辣椒、黄瓜、大葱、香菜加调味汁拌匀, 最后撒上红辣椒丝即可盛盘。

👥 1人份	🕐 12 分钟	👍 降低血脂

酸辣蜇头

材料

海蜇头 200 克, 红辣椒少许

调味料

盐 3 克, 鸡精 2 克, 辣椒油 10 克, 醋、酱油各适量, 香菜少许

制作方法

① 海蜇头洗净, 切片; 红辣椒洗净, 切丝; 香菜洗净切段备用。

② 将海蜇头放入开水中氽熟, 捞起沥干水分, 晾凉后装盘。

③ 盘中加入盐、鸡精、辣椒油、醋、酱油拌匀, 撒上红辣椒、香菜即可。

👥 1人份	🕐 16 分钟	👍 开胃消食

醋香蜇头

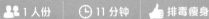
👥 1人份 　🕐 11分钟　👍 排毒瘦身

材料
海蜇头 250 克，芹菜梗 50 克

调味料
盐 1 克，醋、酱油、香油各适量，香菜
适量

制作方法
1. 海蜇头用清水浸泡后洗净，切片；芹菜梗洗净切斜片；香菜洗净切段。
2. 净锅中注水煮开，放入海蜇头氽烫后捞出，沥干水分；再放入芹菜梗氽至断生，沥干后摆盘。
3. 海蜇头放入摆有芹菜梗的盘中，加盐、醋、酱油、香油拌匀装盘，撒上香菜段即可。

👥
1人份　　🕐
13分钟　　👍
排毒瘦身

凉拌蔬菜海蜇皮

材料
海蜇皮 200 克，酱牛肉、蟹柳各 50 克，苹果片、香橙片、胡萝卜片、黄瓜片各适量

调味料
盐、醋、酱油各适量

制作方法
1. 海蜇皮洗净，切条；酱牛肉切条；蟹柳洗净切丁。
2. 锅注水煮开，分别放入海蜇皮、蟹柳、胡萝卜氽熟，捞起沥水；将盐、醋、酱油拌匀调成调味汁。
3. 海蜇皮、酱牛肉、蟹柳装盘后淋上调味汁，加入苹果片、香橙片、胡萝卜片、黄瓜片拌匀即可。

凉拌海蜇

材料

海蜇 300 克，黄瓜 150 克，青辣椒、红辣椒各适量

调味料

盐、酱油、醋、香油各适量

制作方法

1. 海蜇洗净；黄瓜洗净切片；青辣椒、红辣椒均洗净切粒。
2. 锅内注水煮开，放入海蜇汆熟后，捞出沥干，装盘，放入青辣椒粒、红辣椒粒，加盐、酱油、醋、香油拌匀。
3. 再将黄瓜片摆盘边即可。

👥 2 人份	🕐 10 分钟	👍 排毒瘦身

老醋红蜇头

材料

海蜇头 200 克，黄瓜 150 克，洋葱、红辣椒少许

调味料

盐 3 克，鸡精 2 克，酱油、醋各 8 克

制作方法

1. 海蜇头洗净，切片；黄瓜洗净，切片后摆盘；洋葱洗净，切丝；红辣椒洗净，切圈。
2. 海蜇头、洋葱入开水中汆熟，捞出装在摆有黄瓜的盘中；用盐、鸡精、酱油、醋调成调味汁。
3. 将调味汁均匀淋在海蜇头上，撒上红辣椒圈即可。

👥 1 人份	🕐 10 分钟	👍 降低血糖

三色鱼皮

材料

鱼皮 350 克，红辣椒少许

调味料

盐、鸡精各 3 克，香菜段、香油各适量

制作方法

1. 鱼皮洗净，切丝，入沸水汆熟后捞出；红辣椒洗净，切丝，汆水后取出；香菜洗净。
2. 将鱼皮、香菜、红辣椒同拌，调入盐、鸡精拌匀。
3. 淋入香油即可。

👥 1 人份	🕐 12 分钟	👍 养心润肺

老醋拌蜇头

材料

海蜇 300 克，生菜 50 克

调味料

盐、酱油、香油、醋各适量

制作方法

1. 海蜇洗净，切块；生菜洗净。
2. 锅入水煮开，先将生菜焯熟后，捞出沥干摆盘，再将海蜇汆熟后，捞出沥干，加盐、酱油、香油、醋拌匀后，盛在生菜上即可。

👥 2 人份	🕐 8 分钟	👍 养心润肺

姜葱蚬子

👥 1 人份 | 🕐 15 分钟 | 👍 增强免疫力

材料
姜、葱各 10 克，蚬子 300 克

调味料
料酒 10 克，酱油、糖各 5 克

制作方法

① 姜洗净切片；葱洗净切段。

② 蚬子泡入盐水中，待吐沙后捞出洗净，放入滚水中烫至外壳略开，立刻熄火，捞出备用。

③ 蚬子放入碗中，加入姜片、葱段和调味料拌匀，移入冰箱冷藏 2 个小时，待食用时取出。

潮式腌黄沙蚬

材料
黄沙蚬 300 克，香菜、红辣椒各 20 克

调味料
鱼露 10 克，盐、鸡精各 3 克，酱油、葱、姜、大蒜各 5 克

制作方法

① 将黄沙蚬治净，加入开水，烫至开口。

② 将香菜末、红辣椒末、姜末、葱花、蒜蓉和其余调味料一起调成调味汁，倒入黄沙蚬中将其腌渍入味即可。

👥 1 人份 | 🕐 28 分钟 | 👍 开胃消食

酸味海蜇丝

材料

海蜇 200 克，海带 150 克，黄瓜、柠檬各适量

调味料

葱花 5 克，盐、香油、醋各适量

制作方法

1. 海蜇洗净，切条，入沸水中汆熟后，捞出沥干，加盐、香油、醋拌匀，装盘，撒上葱花。
2. 海带泡发洗净，入沸水中汆熟后，捞出沥干，加盐、香油拌匀，装入放有海蜇的盘中。
3. 黄瓜、柠檬洗净，切片，装入盘中即可。

👥 2 人份	🕐 10 分钟	👍 开胃消食

白菜拌蜇丝

材料

白菜 250 克，海蜇 150 克，红辣椒 15 克

调味料

盐 3 克，鸡精 2 克，香油适量

制作方法

1. 海蜇洗净，切丝；白菜洗净，切丝；红辣椒去蒂洗净，切丝。
2. 水放入锅中煮开，分别将海蜇丝、白菜丝、红辣椒丝汆熟后，捞出沥干，装入盘中。
3. 加盐、鸡精、香油一起拌匀即可。

👥 2 人份	🕐 12 分钟	👍 养心润肺

苦菊蜇头拌花生

材料
苦菊适量，海蜇头 200 克，花生仁 50 克

调味料
盐 3 克，酱油、醋各 10 克，糖 5 克，香油、食用油适量

制作方法
1. 海蜇头洗净，切片；苦菊洗净待用；花生仁洗净，放入油锅炸熟。
2. 锅内注水煮沸，放入海蜇头汆熟，捞起后与苦菊一同装盘。
3. 加入盐、酱油、醋、糖拌匀，撒上花生仁，淋上香油即可食用。

👥	🕐	👍
1 人份	10 分钟	开胃消食

蜇头小白菜

材料
陈年海蜇头 150 克，小白菜 200 克，红辣椒少许

调味料
盐 3 克，醋、酱油、香油各适量

制作方法
1. 陈年海蜇头洗净，切片；小白菜洗净，去梗取叶；红辣椒洗净，切丝。
2. 锅内加水煮开，放入白菜汆熟，捞起装盘；放入海蜇头汆水后捞起，摆在白菜上。
3. 加入盐、醋、酱油拌匀，淋上香油，最后撒上红辣椒丝即可。

👥	🕐	👍
2 人份	16 分钟	开胃消食

爽口鱼皮

材料

鱼皮 300 克，青辣椒、红辣椒各少许

调味料

盐 3 克，醋 8 克，酱油 10 克，香油少许

制作方法

1. 鱼皮洗净；青辣椒、红辣椒洗净，切丝，用沸水汆一下。
2. 锅内注水煮沸，放入鱼皮汆熟后，捞出沥干并装入碗中，再放入青辣椒、红辣椒。
3. 向碗中加入盐、醋、酱油、香油拌匀后，再倒入盘中即可。

👥 2 人份	🕐 13 分钟	👍 补血养颜

芥末鱼皮

材料

鱼皮 300 克，红辣椒适量

调味料

盐 3 克，醋 8 克，酱油 10 克，香菜少许，芥末 20 克

制作方法

1. 鱼皮洗净，切丝；红辣椒洗净，切丝，香菜洗净切段。
2. 锅内注水煮沸，放入鱼皮汆熟后，捞起沥干装入盘中；红辣椒汆水，装入鱼皮盘。
3. 向盘中加入盐、醋、酱油、芥末拌匀，撒上香菜即可。

👥 1 人份	🕐 10 分钟	👍 开胃消食

73

胡萝卜脆鱼皮

材料

胡萝卜 200 克，鱼皮 100 克

调味料

盐 3 克，鸡精 1 克，醋 10 克，酱油 12 克，料酒 5 克，葱少许

制作方法

1. 鱼皮洗净，切丝；胡萝卜洗净，切丝；葱洗净，切花。
2. 锅内注水煮沸，分别放入鱼皮、胡萝卜丝汆熟后，捞起沥干并装入盘中。
3. 再加入盐、鸡精、醋、酱油、料酒拌匀，撒上葱花即可。

👥 1 人份	🕐 12 分钟	👍 补血养颜

鱼皮菜心

材料

鱼皮 200 克、菜心 250 克、柠檬 1 个

调味料

盐 5 克、鸡精 3 克、花雕酒 10 克，食用油适量

制作方法

1. 将菜心去叶取梗，洗净；柠檬切片；鱼皮洗净切段。
2. 锅中加水煮沸，放入菜心梗，放入少许油、盐汆熟后，捞出摆盘。
3. 将鱼皮、柠檬片放入油锅中，加调味料炒熟后，装入盛有菜心的盘中即可。

👥 2 人份	🕐 15 分钟	👍 提神健脑

花生拌鱼皮

材料

熟花生仁 50 克，鱼皮 200 克，红辣椒适量

调味料

盐 3 克，鸡精 1 克，醋 10 克，酱油 12 克，料酒 15 克，香菜少许

制作方法

1. 鱼皮洗净；红辣椒洗净，切丝，用沸水氽一下；香菜洗净。
2. 锅注水煮沸，放入鱼皮氽熟，捞起沥干水分并装入碗中，放入熟花生仁。
3. 向碗中加入盐、鸡精、醋、酱油、料酒拌匀，撒上红辣椒丝、香菜即可。

萝卜丝拌鱼皮

材料

胡萝卜 200 克，鱼皮 100 克

调味料

盐 3 克，鸡精 1 克，醋 8 克，酱油 10 克，香菜少许

制作方法

1. 鱼皮洗净，切丝；香菜洗净；胡萝卜洗净，切成细丝。
2. 锅内注水煮沸，放入鱼皮氽熟后，捞出沥干与胡萝卜一起装入碗中。
3. 向碗中加入盐、鸡精、醋、酱油拌匀后，撒上香菜，再倒入盘中即可。

纯鲜墨鱼仔

材料

墨鱼仔 200 克,圣女果适量

调味料

盐、醋、鸡精、酱油、料酒各适量

制作方法

① 墨鱼仔洗净;圣女果洗净,切小块待用。

② 锅内注水煮沸,放入墨鱼仔稍氽后,捞出沥干并装入碗中。

③ 加入盐、醋、鸡精、酱油、料酒拌匀后,摆于盘中,用圣女果点缀即可。

👥 1 人份	🕐 12 分钟	👍 降低血脂

扁豆木耳拌墨鱼片

材料

扁豆、黑木耳各 150 克,墨鱼 250 克,红辣椒少许

调味料

盐 3 克,香油适量

制作方法

① 墨鱼洗净,切片;黑木耳泡发洗净,撕小片;扁豆掐去头尾、去掉中间的筋线,洗净,切段;红辣椒去蒂洗净,切片。

② 锅内注水煮开,先将墨鱼片氽熟后,捞出沥干装盘,再分别将黑木耳、扁豆、红辣椒氽熟后,捞出沥干,装入盛有墨鱼片的盘中。

③ 加盐、香油拌匀即可。

👥 2 人份	🕐 15 分钟	👍 开胃消食

五彩银芽鱿鱼丝

材料

鲜木耳、绿豆芽、黄瓜丝、红辣椒丝、鱿鱼各适量

调味料

盐、鸡精各 3 克，香油 10 克

制作方法

❶ 木耳洗净，切丝，与绿豆芽、黄瓜丝、红辣椒丝分别余水后捞出；鱿鱼洗净，切丝，余水后捞出。

❷ 将备好的材料一同拌匀，调入盐、鸡精拌匀。

❸ 淋入香油即可。

👥 1人份	🕐 10 分钟	👍 排毒瘦身

水晶鱼冻

材料

鱿鱼 200 克，虾仁 100 克

调味料

盐、黄酒、醋、姜末、糖、葱汁、姜汁各适量

制作方法

❶ 鱿鱼洗净切块，放入沸水锅中，加入所有调味料，熬至鱼肉碎烂，滤渣留汤，盛于模具内。

❷ 虾仁洗净，余水后捞出，置于放有汤汁的模具内，将模具入冰箱冷冻后，取出摆盘即可。

👥 1人份	🕐 45 分钟	👍 开胃消食

青红椒鱿鱼丝

材料

鱿鱼 300 克，青辣椒丝、红辣椒丝各适量

调味料

盐、鸡精、料酒、酱油、香油、蒜末、花椒油
各适量

制作方法

❶ 鱿鱼洗净切丝；将盐、鸡精、酱油和花椒
油调成调味汁。

❷ 锅内加清水和料酒煮沸，分别将鱿鱼丝和
青辣椒丝、红辣椒丝汆至断生，捞出淋入
香油，冷却后加调味汁拌匀，再撒上蒜末，
装盘即成。

👥	🕐	👍
1 人份	18 分钟	补血养颜

五香鱼块

材料

鲩鱼 400 克

调味料

葱花、姜末、料酒、酱油、香油、盐、桂皮、
茴香、高汤、五香粉、食用油各适量

制作方法

❶ 鲩鱼洗净切块，用葱、姜、料酒、盐腌渍片刻，
再入油锅炸至呈金黄色时捞出。

❷ 原锅留油，放料酒、桂皮、茴香、酱油及高汤，
熬成五香卤汁，淋上香油，把鱼块在卤汁
中浸入味后捞出，撒上五香粉即可。

👥	🕐	👍
2 人份	30 分钟	保肝护肾

翅汤堂灼鱼

材料

翅汤适量，鲩鱼1条，西红柿1个，魔芋丝50克，上海青150克，葱花5克

调味料

盐3克，鸡精3克

制作方法

1. 将鲩鱼宰杀，去鳞、内脏和骨后洗净，切成片；西红柿洗净，切片。
2. 将魔芋丝泡发洗净，上海青洗净，将两者同放入翅汤中灼熟，置于盘底。
3. 将鱼片放入翅汤中灼熟，调入盐、鸡精，置于上海青上，淋入翅汤，摆上西红柿片，撒上葱花即成。

1人份	28分钟	补血养颜

胡椒咸柠檬浸九肚鱼

材料

咸柠檬1个，九肚鱼500克

调味料

胡椒碎10克，盐3克，鸡精2克

制作方法

1. 将九肚鱼去内脏洗净切成片。
2. 咸柠檬切成末后与胡椒碎一起入锅中，煮出味。
3. 再将切好的九肚鱼放入锅中，煮熟后调入盐、味精即可。

2人份	34分钟	开胃消食

鱼子水果沙拉盏

材料

火龙果半个，橙子 2 个，圣女果、葡萄、鱼子各适量

调味料

卡夫奇妙沙拉酱适量

制作方法

① 火龙果洗净，挖瓤切丁，将皮作为器皿。

② 橙子一个切片，一个去皮切丁；圣女果、葡萄洗净，对切放盘底；鱼子用凉开水洗净备用。

③ 将火龙果丁、橙子丁放入器皿中，淋上卡夫奇妙沙拉酱，撒上鱼子、橙子片，做出造型即可。

👥	🕐	👍
1 人份	12 分钟	补血养颜

鲜虾出水芙蓉

材料

虾仁 150 克，嫩豆腐、西蓝花各 200 克，蟹子适量

调味料

盐 2 克，酱油 15 克，香油 8 克

制作方法

① 虾仁洗净，划上花刀；嫩豆腐洗净，切块状；西蓝花洗净，掰成小朵；蟹子洗净。

② 锅内注水煮沸，加盐，分别放入虾仁、嫩豆腐、西蓝花、蟹子氽熟，捞出摆盘。

③ 用盐、酱油、香油制成调味碟，蘸食即可。

👥	🕐	👍
2 人份	25 分钟	提神健脑

白菜拌虾干

材料

大白菜 200 克，虾干 100 克，青辣椒、红辣椒各少许

调味料

酱油 10 克，醋 5 克，香油 8 克，香菜少许

制作方法

1. 虾干洗净浸软；大白菜洗净，撕碎；青辣椒、红辣椒洗净，去籽切圈；香菜洗净待用。
2. 将虾干、大白菜分别放入沸水中氽熟，捞出沥水，装盘。
3. 加入酱油、醋、香油拌匀，撒上青辣椒、红辣椒圈及香菜即可。

👥	🕐	👍
1 人份	20 分钟	提高免疫力

川汁大虾

材料

基围虾 300 克，白萝卜、黄瓜各适量

调味料

酱油 15 克，老干妈辣酱 8 克

制作方法

1. 基围虾洗净，放入沸水中氽熟，捞出沥水，沿碟边摆盘。
2. 黄瓜洗净，切花刀；白萝卜去皮洗净，切好造型后与黄瓜一同摆盘。
3. 用酱油、老干妈辣酱制成调味碟，蘸食即可。

👥	🕐	👍
1 人份	30 分钟	增强免疫力

03

蒸、煮篇

营养蒸煮菜 x 软糯又美味

蒸海鲜菜是利用水沸后产生的水蒸气为传热介质，使海鲜成熟的烹调方法。其成品原味俱在，口感或细嫩或软烂，具有含水量高、滋润、软糯、原汁原味、味鲜汤清等特点。煮海鲜菜是将海鲜放在多量的汤汁或清水中，先用大火煮沸，再用小火煮熟，煮熟的海鲜清鲜又美味。

孔雀开屏武昌鱼

材料

武昌鱼 300 克,青辣椒、红辣椒各 20 克

调味料

蒸鱼豉油 20 克,姜丝、食用油各适量

制作方法

1. 武昌鱼洗净,去头切片,摆盘;青辣椒、红辣椒洗净切丝。
2. 将青辣椒丝、红辣椒丝、姜丝撒在摆好盘的鱼上,倒入蒸鱼豉油,上锅蒸 10 分钟,取出。
3. 将食用油放入锅中,烧热,把热油浇到鱼身上即可。

👥 1 人份	🕐 30 分钟	👍 降低血压

清蒸武昌鱼

材料

武昌鱼 500 克,火腿片 30 克

调味料

盐 5 克,鸡精 2 克,胡椒粉 5 克,料酒 15 克,姜片、葱丝各 20 克,鸡汤少许,食用油适量

制作方法

1. 武昌鱼洗净,在鱼身两侧划上几刀,用盐、料酒腌渍。
2. 用油抹匀鱼身,火腿片与姜片置其上,上笼蒸 15 分钟,取出。
3. 锅中放入鸡汤煮沸,加鸡精,浇在鱼上,撒胡椒粉、葱丝即成。

👥 2 人份	🕐 20 分钟	👍 降低血压

醋香武昌鱼

材料

武昌鱼 400 克，黄瓜 100 克，圣女果适量

调味料

盐 3 克，葱丝、姜丝、红辣椒丝、香菜、料酒、酱油、醋、香油各适量

制作方法

1. 武昌鱼洗净，切小块；用盐、料酒腌渍 5 分钟；黄瓜、圣女果洗净切片。
2. 将鱼摆盘，鱼上放葱丝、红辣椒丝、姜丝，入锅蒸 10 分钟，取出，加入酱油、醋、香油调味，撒上香菜。将黄瓜片和圣女果片叠放在盘边装饰即可。

👥 2 人份	🕐 30 分钟	👍 降低血糖

油烧鳜鱼

材料

鳜鱼 300 克，菜心 100 克

调味料

盐 3 克，醋、红辣椒、姜、葱末、酱油、食用油各适量

制作方法

1. 鳜鱼洗净，装盘；姜、红辣椒洗净，切小丁；葱洗净切末；菜心洗净，氽水，沥干。
2. 将红辣椒丁、姜丁、葱末和盐、醋、酱油拌匀，浇在鱼身上，上笼大火蒸 15 分钟后取出；用菜心摆盘，将蒸熟的鱼放在菜心上；起锅将油烧热，然后浇在鱼身上即成。

👥 2 人份	🕐 20 分钟	👍 补血养颜

鸿运鳜鱼

材料

鳜鱼 300 克，上海青 100 克，红辣椒 100 克

调味料

盐 3 克，鸡精 2 克，料酒、辣椒粉各适量

制作方法

❶ 上海青洗净；红辣椒洗净切丁；鳜鱼洗净后剁下鱼头、鱼尾，片下鱼肉，用料酒、盐、辣椒粉腌渍入味后，将鱼肉卷成鱼肉卷。

❷ 将上海青铺于盘底，将鱼头、鱼尾和鱼肉卷叠放好，再放上红辣椒，撒上盐、鸡精，入锅蒸熟即可。

| 👥 2 人份 | 🕐 40 分钟 | 👍 增强免疫力 |

| 👥 1 人份 | 🕐 15 分钟 | 👍 增强免疫力 |

豆豉蒸鳕鱼

材料

鳕鱼 300

调味料

料酒、盐各适量，豆豉适量、葱、姜各适量

制作方法

❶ 鱼片洗净，拭干水分，抹上盐，盛入盘内。

❷ 姜洗净，葱去根须洗净，皆切细丝。

❸ 将准备好的鳕鱼片放入蒸锅内，再将豆豉均匀撒在鱼片上，撒上葱丝、姜丝，洒入少许料酒，蒸 7 分钟左右至熟即可。

剁椒武昌鱼

材料

武昌鱼 500 克，青辣椒、红辣椒各 15 克

调味料

盐 3 克，胡椒粉、酱油、料酒各适量

制作方法

❶ 杀好的武昌鱼清洗干净，鱼头鱼尾切开备用，鱼身切成条。红辣椒和青辣椒洗净切小段。

❷ 先将鱼用盐、胡椒粉、酱油、料酒腌渍 5 分钟，装盘，放上青辣椒段、红辣椒段，入锅蒸 15 分钟即可食。

| 👥 2 人份 | 🕐 30 分钟 | 👍 开胃消食 |

豉椒武昌鱼

材料

红辣椒 10 克，武昌鱼 550

调味料

豆豉 20 克，酱油 10 克，明油、盐各
5 克，葱、姜各 10 克

👥 2 人份　🕐 36 分钟　👍 补血养颜

制作方法

① 武昌鱼宰杀净，姜切片，葱切丝，红辣椒切成粒，
鱼用姜片、酱油、盐、葱腌渍 10 分钟。

② 将腌入味的鱼放入盘中，加入豆豉、葱丝、红辣椒，
上锅蒸熟，取出。

③ 淋上明油，即可食用。

孔雀武昌鱼

材料

武昌鱼 420 克，青辣椒、红辣椒各 20 克

调味料

盐 3 克，花椒、酱油、胡椒粉、蒸鱼豉油、料
酒、姜丝各适量

制作方法

① 将鱼洗净，去头，鱼肉切成条状；青辣椒
和红辣椒洗净，切成小圈。

② 用盐、胡椒粉将鱼肉、鱼头腌渍入味。姜
丝垫底，鱼肉摆成孔雀开屏状，倒入酱油、
料酒、蒸鱼豉油，撒上花椒和青辣椒圈、
红辣椒圈，上锅蒸 8 分钟即成。

👥 2 人份　🕐 30 分钟　👍 提高免疫力

海麻武昌鱼

材料

武昌鱼 350 克，剁椒 50 克

调味料

盐 3 克，葱末、蒜末、姜末、胡椒粉、蒸鱼豉油、食用油各适量

制作方法

① 武昌鱼宰杀洗净，去头，鱼身切成薄片，用盐、胡椒粉腌渍，入味即可。

② 摆盘，鱼身上铺一层剁椒，撒上葱末、姜末、蒜末，放入蒸鱼豉油，入锅蒸 10 分钟。

③ 蒸好后，撒上葱末，将热油浇在鱼身上即可。

👥 2 人份	🕐 30 分钟	👍 开胃消食

酱椒黄骨鱼

材料

黄颡鱼 800 克，鱼丸 100 克

调味料

盐、料酒、酱椒、红辣椒丝、葱花、酱油、食用油各适量

制作方法

① 黄骨鱼洗净，用盐和料酒腌渍；鱼丸洗净。

② 把黄骨鱼头朝外围成圈摆在盘子上，中间堆以鱼丸，鱼丸四周铺上酱椒和红辣椒丝，淋上酱油。

③ 大火蒸 15 分钟取出，撒上葱花，淋热油即成。

👥 2 人份	🕐 30 分钟	👍 提神健脑

川江胖头鱼

材料

胖头鱼 500 克，青辣椒、红辣椒各少许

调味料

盐 3 克，鸡精 1 克，醋 8 克，酱油 15 克，食用油适量

制作方法

① 胖头鱼洗净，切片；青辣椒、红辣椒洗净，切圈。

② 锅内注油烧热，放入胖头鱼滑炒，注水，并加入盐、醋、酱油焖煮。

③ 放入青辣椒、红辣椒煮至熟后，加入鸡精调味，起锅装盘即可。

👥 2 人份	🕐 20 分钟	👍 增强免疫力

雪菜蒸鳕鱼

材料
雪菜 100 克，鳕鱼 400 克

调味料
盐 8 克，鸡精 3 克，料酒 10 克，姜、雪菜汁少许，葱花、红辣椒圈少许

制作方法
① 鳕鱼去鳞洗净，切成大块；宁波雪菜洗净切末。
② 将切好的鱼放入盘中，加入雪菜、红辣椒圈、盐、鸡精、料酒、葱、姜、雪菜汁，拌匀稍腌入味。
③ 将备好的鳕鱼块放入蒸锅内，蒸 10 分钟即可。

| 👥 2 人份 | 🕐 25 分钟 | 👍 排毒瘦身 |

拍姜蒸鳜鱼

材料
鳜鱼 350 克

调味料
盐 3 克，醋 8 克，酱油 12 克，红辣椒、葱各少许，姜 50 克

制作方法
① 鳜鱼收拾干净，装盘；姜洗净，拍裂，再切成碎丁；红辣椒洗净，切圈；葱洗净，切碎末。
② 将姜丁装入碗中，再放入红辣椒、葱，加盐、醋、酱油拌匀，调成调味汁备用。
③ 将调味汁浇在盘中的鳜鱼上，放入蒸锅中蒸 20 分钟后即可。

| 👥 1 人份 | 🕐 26 分钟 | 👍 开胃消食 |

白马鲫鱼

材料

鲫鱼 500 克

调味料

盐 3 克, 鸡精 1 克, 醋 10 克, 酱油 12 克, 葱白、红辣椒、香菜各少许, 食用油适量

制作方法

① 鱼洗净, 对剖开, 再加少许盐、酱油腌渍入味; 葱白、红辣椒洗净, 切丝; 香菜洗净。

② 锅内油烧热, 放入鱼翻炒熟, 注水, 加盐、醋、酱油焖煮。

③ 煮至汤汁收浓, 加入鸡精调味, 起锅装盘, 撒上葱白、红辣椒、香菜即可。

👥 2 人份	🕐 25 分钟	👍 保肝护肾

剁椒鱼尾

材料

剁椒 35 克, 鱼尾 450 克

调味料

盐、鸡精各 3 克, 葱、酱油、料酒、香油各 10 克

制作方法

① 鱼尾洗净, 对半剖开, 用盐、鸡精抹在鱼尾表面; 葱洗净, 切碎。

② 将鱼尾装入盘中, 淋上料酒, 放上剁椒; 将盐、鸡精、酱油调匀, 淋在鱼尾上, 放入锅中蒸 15 分钟。

③ 撒上葱花, 淋入香油, 再蒸 2 分钟出锅即可。

👥 2 人份	🕐 35 分钟	👍 补血养颜

农家窝头煮鲫鱼

👥 2 人份 | 🕐 40 分钟 | 👍 增强免疫力

材料

鲫鱼 550 克，红枣、窝头、红辣椒各适量

调味料

盐 3 克，葱 20 克，酱油、糖、料酒、食用油各适量

制作方法

❶ 葱洗净；红辣椒洗净切丝；红枣洗净后放在窝头上，入屉蒸熟；鲫鱼洗净。

❷ 油锅烧热，放入鲫鱼煎透，捞出沥油。

❸ 余油烧热，放入适量清水，加入盐、酱油、糖、料酒，再把鱼放入煮30分钟后放葱、红辣椒，稍煮后装盘，将窝头摆盘即成。

西红柿煮鲫鱼

材料

西红柿 80 克，鲫鱼 350 克

调味料

姜片 2 克，香菜、盐各少许

制作方法

❶ 鲫鱼洗净，在两侧切上花刀；西红柿洗净，切片待用。

❷ 净锅上火，倒入水，调入盐、姜片，放入鲫鱼、西红柿片煮至熟，撒上香菜即可。

👥 2 人份 | 🕐 15 分钟 | 👍 开胃消食

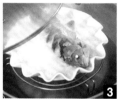
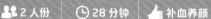

鲫鱼蒸水蛋

2 人份 | **28 分钟** | **补血养颜**

材料

鲫鱼 300 克，鸡蛋 130 克

调味料

盐 3 克，酱油 2 克，姜、葱各 5 克

制作方法

① 鲫鱼去鳞，宰杀去内脏，洗净，在鱼身上划"一"字花刀，用盐、酱油稍腌；姜切片、葱切末。

② 鸡蛋打入碗内，加少量水和盐搅散，撒上姜片，把鱼放入盛蛋的碗中。

③ 将盛有鱼的碗放入蒸笼上锅蒸 10 分钟，取出，撒上葱末即可。

鲫鱼鸡蛋羹

材料

鲫鱼 250 克，鸡蛋 250 克，红辣椒少许

调味料

盐 3 克，鸡精 2 克，料酒、香油、葱、香菜各少许

制作方法

① 葱洗净切碎；红辣椒洗净切小丁；香菜择洗干净；鲫鱼洗净，用料酒、盐、鸡精腌渍 20 分钟。

② 鸡蛋磕入碗中，加适量清水、盐搅拌均匀，放入蒸屉，蒸至六成熟时取出。

③ 再放上鲫鱼，撒上红辣椒丁，蒸熟后取出，撒上香菜、葱碎、淋上香油即可。

2 人份 | **35 分钟** | **增强免疫力**

2 人份 | **20 分钟** | **开胃消食**

银丝鲫鱼锅仔

材料

鲫鱼 500 克，白萝卜 100 克

调味料

盐 2 克，鸡精 1 克，酱油 12 克，红辣椒、葱各少许，食用油适量

制作方法

❶ 鲫鱼洗净，两面均横切几刀；白萝卜、红辣椒均洗净，切丝；葱洗净，切段。

❷ 油锅烧热，鲫鱼入锅煎至变色后，注水焖煮至将熟，加入萝卜丝、红辣椒焖煮至熟。

❸ 加入盐、酱油、鸡精调味，撒上葱段即可。

功夫活鱼

材料

鱼 600 克，豆腐 100 克，黄豆芽、紫苏各适量

调味料

盐 3 克，鸡精 1 克，醋 8 克，酱油、料酒各少许，葱、剁椒、食用油各适量

制作方法

❶ 鱼洗净，加盐、料酒腌渍入味；豆腐洗净切块；豆芽洗净；紫苏、葱洗净切段。

❷ 鱼入锅稍煎，加适量水煮开，再放入豆腐、豆芽、紫苏、剁椒一起焖煮至熟。

❸ 加盐、醋、酱油、鸡精调味，撒上葱段即可。

2 人份 | **22 分钟** | **提高抵抗力**

2 人份 | **40 分钟** | **开胃消食**

尖椒鱼片

材料

尖椒、芹菜各适量，鱼肉 500 克

调味料

酱油、盐、料酒、鸡精、姜、食用油各适量

制作方法

❶ 鱼肉洗净切片，用盐、料酒腌渍；尖椒洗净，芹菜洗净，切段；姜洗净，切片。

❷ 倒油入锅烧热，放入鱼片、尖椒、姜片，加入适量清水，大火煮开后转中小火慢慢炖至酥烂。

❸ 放入芹菜、盐、鸡精、酱油即可出锅。

老碗鱼

材料

鲫鱼600克，花椒、熟芝麻、干红辣椒各适量

调味料

盐3克，鸡精1克，醋10克，酱油12克

制作方法

1. 鲫鱼洗净，一剖为二；花椒洗净；干红辣椒洗净，切圈。
2. 锅内注水煮沸，放入鱼煮至汤沸时，放入花椒、干红辣椒一起焖煮。
3. 煮至熟后，加入盐、醋、酱油、鸡精调味，起锅装碗，撒上熟芝麻即可。

| 👬 2 人份 | 🕐 35 分钟 | 👍 开胃消食 |

| 👬 2 人份 | 🕐 26 分钟 | 👍 增强免疫 |

阿俊香口鱼

材料

鱼肉500克，泡椒、黄豆各少许

调味料

盐3克，鸡精1克，醋10克，酱油12克，葱末、姜末各少许，食用油适量

制作方法

1. 鱼肉洗净，切片；黄豆炒熟。
2. 锅内注油烧热，放入鱼片滑炒至变色发白后，注水并加入泡椒、黄豆、姜末、葱末焖煮。
3. 再加入盐、醋、酱油煮至熟后，加入鸡精调味，起锅装碗即可。

剁椒草鱼尾

材料

草鱼尾300克，剁椒酱、红辣椒粒各少许

调味料

料酒、盐、葱花、面粉、食用油各适量

制作方法

1. 草鱼尾洗净，用盐、料酒腌入味；剁椒酱和面粉调匀成调味料，把调味料涂抹在草鱼尾上，在盘中摆好，入笼蒸8分钟取出。
2. 锅中加油烧热，将红辣椒粒、葱花炒香，起锅，淋在盘中草鱼尾上，出菜前配上盘饰即成。

| 👬 1 人份 | 🕐 20 分钟 | 👍 开胃消食 |

凉粉鲫鱼

材料

凉粉 80 克，鲫鱼 800 克

调味料

盐、鸡精各 3 克，酱油、葱段、姜丝、香油、
红油、葱花各 10 克

制作方法

❶ 鲫鱼洗净，用盐、鸡精、酱油腌渍 15 分钟；
凉粉洗净切条，余水。

❷ 将鱼肚子中塞入葱段、姜丝装盘，上面放
上凉粉后入锅蒸熟。

❸ 香油、红油、盐、鸡精调匀，淋在凉粉和鱼上，
撒上葱花即可。

👥 2 人份	🕐 30 分钟	👍 补血养颜

野山椒蒸草鱼

材料

野山椒 100 克，草鱼 450 克，红辣椒适量

调味料

盐 3 克，鸡精 2 克，剁辣椒、葱白、香菜、料酒、
辣椒粉、香油各适量

制作方法

❶ 红辣椒、葱白均洗净切丝；香菜、野山椒均洗净。

❷ 草鱼洗净剁块，用盐、辣椒粉、料酒腌入
味后装盘。

❸ 将野山椒、红辣椒、剁辣椒、葱白撒在鱼
肉上，大火蒸熟，关火后等几分钟再出锅，
撒上香菜，淋上香油即可。

👥 2 人份	🕐 17 分钟	👍 开胃消食

河塘鲈鱼

材料

鲈鱼 400 克，上海青 50 克，红辣椒少许

调味料

盐 3 克，鸡精 1 克，醋 8 克，酱油 12 克，食用油适量

制作方法

① 鲈鱼洗净切片；上海青洗净，切去叶部，用沸水氽一下备用；红辣椒洗净，切丝。

② 锅内注油烧热，放入鲈鱼片滑炒至变色，注水焖煮。

③ 煮至熟后，加入盐、醋、酱油、红辣椒炒匀入味，鸡精调味，起锅装盘，以上海青围边即可。

👥	🕐	👍
2 人份	18 分钟	养心润肺

酱醋鲈鱼

材料

鲈鱼 400 克

调味料

醋、酱油、盐、姜片、料酒、水淀粉、干辣椒、八角、高汤、香菜、食用油各适量

制作方法

① 鲈鱼洗净，用刀在鱼背上斜切几刀，用盐、酱油腌渍。

② 油锅烧热，放干辣椒、八角煸炒出香味，放入鲈鱼，加入盐、酱油、醋、料酒、姜片翻炒一下，加入适量高汤煮 5 分钟后，大火收汁，以水淀粉勾芡，撒上香菜即可。

👥	🕐	👍
2 人份	20 分钟	增强免疫力

碧绿鲈鱼

材料

鲈鱼 500 克，青辣椒 50 克

调味料

盐、鸡精、醋、酱油、料酒各适量

制作方法

❶ 鲈鱼洗净，对剖开，加料酒、盐腌渍 10 分钟备用；青辣椒洗净，剁成碎末。

❷ 用盐、鸡精、醋、酱油、料酒加水调成汁，浇在鲈鱼上，再撒上青辣椒末。

❸ 鲈鱼放入蒸锅中蒸 20 分钟至熟，取出即可食用。

👥 2 人份	🕐 40 分钟	👍 提神健脑

鱼丸蒸鲈鱼

材料

鱼丸 100 克，鲈鱼 500 克

调味料

盐、酱油各 4 克，葱丝 10 克，姜丝 8 克

制作方法

❶ 鲈鱼洗净；鱼丸洗净，在开水中氽烫一下，捞出。

❷ 用盐抹匀鱼的里外，将葱丝、姜丝填入鱼肚子和放在鱼身上，将鱼和鱼丸一起放入蒸锅中蒸熟，再将酱油浇淋在蒸好的鱼身上即可。

👥 2 人份	🕐 45 分钟	👍 增强免疫力

👥 2 人份	🕐 20 分钟	👍 保肝护肾

功夫鲈鱼

材料

鲈鱼 600 克，菜心 150 克，青辣椒圈、红辣椒圈、泡椒段各 100 克

调味料

盐 6 克，鸡精 2 克，酱油 8 克，料酒 20 克，食用油适量

制作方法

❶ 鲈鱼洗净，切块；菜心洗净。

❷ 青辣椒、红辣椒、泡椒加盐、鸡精、酱油、料酒腌渍；菜心氽水，捞出，摆盘；油锅烧热，放鲈鱼块，加盐、料酒滑熟，倒上青辣椒、红辣椒、泡椒，盛盘即可。

梅菜蒸鲈鱼

👥 2 人份 | 🕐 26 分钟 | 👍 保肝护肾

材料
梅菜 200 克，鲈鱼 350 克

调味料
蚝油 20 克，姜 5 克，葱 6 克

制作方法
1. 梅菜洗净，剁碎；鲈鱼去鳞，宰杀后去内脏；姜、葱切丝。
2. 将梅菜内加入蚝油、姜丝一起拌匀，铺在鱼身上。
3. 再将鱼盛入蒸笼，上锅蒸 10 分钟，取出，撒上葱丝即可。

东北家常熬鱼

材料
鲈鱼 500 克，猪肉 50 克

调味料
猪油 70 克，盐 4 克，葱、姜各 10 克，醋、花椒水、料酒、鸡精、高汤各适量

制作方法
1. 鲈鱼宰杀、去鳞、内脏，在鱼身上斜切几刀；猪肉洗净切片；葱切段、姜去皮切片。
2. 锅中放入猪油烧热，加入肉片、葱段、姜片炒香，倒入高汤，加花椒水、料酒、盐、鸡精煮匀。
3. 将鱼放入，用慢火熬 20 分钟左右，淋入醋即可盛出。

👥 2 人份 | 🕐 28 分钟 | 👍 降低血压

清蒸罗非鱼

👥 2 人份 ｜ 🕐 20 分钟 ｜ 👍 降低血压

材料
罗非鱼 400 克

调味料
盐 2 克，鸡精 3 克，酱油 10 克，香油 5 克，姜 5 克，葱 3 克

制作方法
1. 罗非鱼去鳞和内脏洗净，在背上划花刀；姜切片，葱白切段，葱叶切丝。
2. 将鱼装入盘内，加入姜片、葱白段、酱油、鸡精、盐，放入锅中蒸熟。
3. 取出蒸熟的鱼，淋上香油即可。

丝瓜清蒸鲈鱼

材料
丝瓜 80 克，鲈鱼 550 克，红花、当归各 8 克

调味料
盐 3 克，嫩姜丝 10 克，料酒、食用油各适量

制作方法
1. 红花、当归与适量清水置入锅中，以小火加热至沸腾后关火，滤取药汁备用。
2. 鲈鱼洗净后两面各划两条斜线，抹上盐和油腌 5 分钟；丝瓜去皮切片，铺于盘底，鲈鱼放在丝瓜上。
3. 撒上嫩姜丝，淋上料酒和药汁放入蒸锅中，以大火蒸 12 分钟取出即可。

👥 2 人份 ｜ 🕐 26 分钟 ｜ 👍 养心润肺

腌黄鱼煮芋头

材料
腌黄鱼 450 克，芋头 100 克，香芹 50 克

调味料
盐 2 克，鸡精 2 克，高汤、大蒜、香油少许，食用油适量

制作方法

❶ 芋头洗净切片；香芹洗净，切段；大蒜洗净切片；腌黄鱼洗净，在鱼身切上 "一" 字花刀。

❷ 油锅烧热，放入腌黄鱼炸至两面金黄色，注入高汤煮至汤白。

❸ 再放入芋头、香芹、大蒜，加盐、鸡精、香油煮至入味即可。

👥 2 人份	🕐 26 分钟	👍 提神健脑

糖醋黄鱼

材料
黄鱼 400 克

调味料
胡椒粉、淀粉、盐、鸡精、料酒、青辣椒、红辣椒、葱、姜、大蒜各适量，糖 50 克，醋 20 毫升

制作方法

❶ 黄鱼宰杀洗净，青辣椒、红辣椒、葱、姜洗净，均切丝，大蒜剁成蓉。

❷ 黄鱼入沸水锅中，慢火加热至熟，取出装盘，撒上胡椒粉。

❸ 蒜蓉入锅爆香，加入糖、醋、盐、鸡精，煮至微滚时放入青辣椒丝、红辣椒丝，用淀粉勾芡，淋于黄鱼上即可。

👥 2 人份	🕐 18 分钟	👍 开胃消食

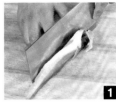

雪菜蒸黄鱼

👥 2 人份 | ⏱ 22 分钟 | 👍 提高免疫力

材料
雪菜 100 克，大黄鱼 500 克

调味料
盐 5 克，鸡精 2 克，料酒 10 克，葱、姜各 10 克

制作方法
1. 将大黄鱼宰杀洗净装入盘中；葱洗净切花，姜去皮切丝；雪菜切碎。
2. 在鱼盘中加入雪菜、盐、鸡精、料酒、葱花、姜丝。
3. 放入蒸锅内蒸 8 分钟即可。

白玉黄鱼花鲞

材料
黄鱼鲞 400 克，豆腐 300 克

调味料
盐 3 克，鸡精 1 克，醋 10 克，酱油 15 克，香菜少许

制作方法
1. 黄鱼鲞洗净，对剖开；豆腐洗净切块；香菜洗净。
2. 将豆腐块排于盘中，再放入黄鱼鲞，用盐、鸡精、醋、酱油调成汁，浇在上面。
3. 再放入蒸锅中蒸 20 分钟，取出，撒上香菜，即可食用。

👥 2 人份 | ⏱ 25 分钟 | 👍 增强免疫力

04

焖、烧篇

醇厚焖烧菜 x 鲜香口感佳

在中国饮食文化中，"焖"和"烧"是烹调技艺之中最常用的烹饪方法，也是广大家庭日常饮食中较常用的烹调方法，适用于制作各种不同原料的美味菜肴，其成菜色泽油润光亮，口味醇厚鲜香，深受人们的喜爱。

本章将对各种焖烧海鲜菜的烹饪方法、营养分析、适合人群等进行全面、详尽的阐述。

酸辣刀鱼

👥 2 人份 | **🕐 24 分钟** | **👍 开胃消食**

材料

刀鱼 1 条, 红辣椒 1 个

调味料

料酒 20 克, 醋 5 克, 胡椒粉 2 克, 盐 4 克, 鸡精 1 克, 淀粉 15 克, 鸡汤、蛋清适量, 葱 15 克, 姜 10 克, 食用油适量

制作方法

1. 葱择洗净切葱花, 姜切片; 鱼宰杀洗净, 在鱼身两侧切格子花刀; 红辣椒切丁。
2. 将鱼放入盘中, 加葱、姜、料酒、盐腌渍入味, 入油锅中煎熟, 盛出;
3. 葱、姜、红辣椒丁放入锅中爆香, 加入鸡汤和腌渍鱼的汤, 再放入鱼, 加盐、鸡精煮开, 用淀粉勾芡, 淋入蛋清、醋, 撒上胡椒粉即可。

家常焖全鱼

材料

鱼 500 克

调味料

盐、水淀粉、糖、醋、酱油、料酒各适量, 姜末、蒜末、香菜段各少许, 食用油适量

制作方法

1. 将鱼洗净, 放入油锅中略煎, 盛起备用。
2. 起油锅, 加入盐、糖、醋、姜末、蒜末、酱油、料酒和适量水, 大火煮开, 放入鱼, 用小火焖烧 20 分钟后出锅。
3. 将锅内剩余汤水, 加入水淀粉勾芡, 淋在鱼上, 再撒入少许香菜即可。

👥 2 人份 | **🕐 40 分钟** | **👍 提高免疫力**

肉末烧黄鱼

材料

猪肉、香菇末各 50 克，大黄鱼 300 克

调味料

盐、鸡精、料酒、红油、红辣椒、葱花、食用油各适量

制作方法

❶ 黄鱼洗净，切上花刀，用盐、料酒腌渍。

❷ 锅烧热，放入香菇、猪肉末，加盐、鸡精炒熟盛出。

❸ 将黄鱼煎至金黄色，加水，放入香菇、猪肉末，加红辣椒、红油煮至入味，撒上葱花即可。

👥 2 人份	🕐 20 分钟	👍 增强免疫力

窝头焖黄鱼

材料

窝头 150 克，黄鱼 300 克

调味料

盐、料酒、酱油、香菜段、红辣椒丝、葱白丝、食用油各适量

制作方法

❶ 黄鱼洗净，切段，加盐、料酒、酱油腌渍。

❷ 油锅煮热，放入黄鱼炸至八成熟，注入清水煮开。

❸ 放入葱白、红辣椒丝、窝头，盖上盖，焖10 分钟，撒上香菜段即可。

👥 2 人份	🕐 20 分钟	👍 增强免疫力

👥 2 人份	🕐 25 分钟	👍 增强免疫力

软烧鱼尾

材料

鱼尾 1 条

调味料

盐、鸡精各3克,酱油、红油各10克,食用油适量

制作方法

❶ 鱼尾洗净，切成连刀片，用盐、鸡精、酱油腌渍。

❷ 炒锅上火，注油烧至六成热，放入鱼尾炸至表面颜色微变。

❸ 加水焖 3 分钟，放入盐、鸡精、酱油、红油调味，盛入盘中即可。

干烧大黄鱼

材料

大黄鱼 450 克

调味料

盐 3 克，豆瓣酱、料酒、糖各 10 克，蒜末、葱花各少许，食用油适量

制作方法

① 黄鱼洗净，切上花刀，用料酒、盐腌渍；蒜末，炒香。

② 油烧热，将鱼煎熟，捞出。

③ 油锅中放入豆瓣酱、清水、料酒、糖调匀，放入煎好的黄鱼，待汤汁收浓，撒上葱花即可。

👥	🕐	👍
2 人份	22 分钟	补血养颜

原汁烧汁焖黄鱼

材料

黄鱼 350 克

调味料

盐、酱油、料酒、辣椒酱、香菜各适量，蒜头少许，食用油适量

制作方法

① 黄鱼洗净，切上花刀，加盐、料酒腌渍。

② 油锅烧热，放入蒜头炒香，放入黄鱼煎至两面金黄色，放盐、酱油、料酒、辣椒酱拌匀。

③ 倒入适量清水煮开，焖煮至熟，撒上香菜即可。

👥	🕐	👍
2 人份	35 分钟	提高抵抗力

雪里蕻小黄鱼

材料

雪里蕻末、肥肉末各适量，黄鱼 250 克，干红辣椒丁各 10 克

调味料

料酒、酱油、糖各 5 克，醋、红油、豆瓣酱、面粉、葱花、蒜片、香油各少许，食用油适量

制作方法

① 黄鱼洗净，蘸上面粉。

② 起油锅，放入黄鱼炸香捞出。

③ 另起锅放油再放入雪里蕻末、肥肉末及蒜片、干红辣椒丁及其他调味料、水，用小火烧至收汁，出锅时放香油和葱花即可。

👥	🕐	👍
1 人份	25 分钟	开胃消食

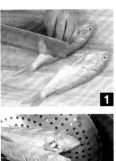

葱烧红杉鱼

👥 2 人份 ｜ 🕐 30 分钟 ｜ 👍 补血养颜

材料

红杉鱼 2 条

调味料

盐 5 克，鸡精 2 克，酱油 8 克，料酒
10 克，葱 100 克，姜 10 克，食用
油适量

制作方法

① 葱择洗净，切末和段；姜去皮切末；红杉鱼宰杀，
在鱼背上切花刀，用葱、姜、盐、鸡精、料酒腌入味。

② 锅中注油烧热，放入腌好的鱼炸至金黄色，捞出
沥油。

③ 锅中留少许油，爆香葱段，加入酱油、盐、鸡精和
少许水煮开，再放入炸好的鱼煮入味，撒上葱末
即可。

辣椒烧鱼

材料

草鱼 300 克

调味料

盐、红油、蒜蓉、料酒、干辣椒段、酱油、葱
花、食用油各适量

制作方法

① 将草鱼洗净，切上花刀。

② 炒锅加入适量油烧热，放入草鱼煎至两面
金黄色取出盛盘；锅底留油，放入蒜蓉和
干辣椒段爆出香味，加入盐、酱油、料酒、
红油，起锅倒在草鱼上，撒上适量葱花。

👥 2 人份 ｜ 🕐 30 分钟 ｜ 👍 排毒瘦身

香菜咖喱鲳鱼

👥 2 人份 | 🕐 24 分钟 | 👍 开胃消食

材料

银鲳鱼 300 克，芹菜 100 克，玉米粒 10 克

调味料

印尼咖喱、香菜各 10 克，牛奶 20 克，食用油、黄油各 50 克，盐、鸡精各 5 克，淀粉少许，食用油适量

制作方法

❶ 将银鲳鱼宰杀去鳞和内脏后，洗净，鱼背切花刀备用；芹菜洗净切粒。

❷ 油放入锅烧至七成热，放入鲳鱼炸 3 分钟捞出。

❸ 锅内留底油，放入印尼咖喱、牛奶、黄油、盐、鸡精煸香，加入少量水，放入芹菜粒、玉米粒和鱼，焖约 10 分钟水淀粉勾芡即可。

红烧沙丁鱼

材料

沙丁鱼 500 克

调味料

酱油 10 克，料酒、糖各 15 克，葱、姜、食用油各适量

制作方法

❶ 葱洗净，切段；姜洗净，切片；沙丁鱼洗净，装盘，加酱油、料酒、糖，入锅蒸熟，取出备用。

❷ 油锅烧热，爆香葱段、姜片，倒入蒸鱼的汤汁煮开，放入沙丁鱼，煮至汤汁收干即可盛出。

👥 2 人份 | 🕐 27 分钟 | 👍 增强免疫力

豆腐烧鲈鱼

材料

豆腐、熟芝麻各适量，鲈鱼 600 克

调味料

盐 5 克，酱油 8 克，蒜瓣 25 克，葱白段、香菜段、料酒各 10 克，干辣椒块、食用油适量

制作方法

❶ 鲈鱼洗净，切块；豆腐浸泡，切块；蒜瓣去皮洗净。

❷ 油锅烧热，爆香蒜、干辣椒块，放入鱼、盐、料酒、酱油，加水煮开，放入豆腐、葱白炒匀，再加水焖煮 5 分钟撒上香菜段、熟芝麻即可。

2 人份　**35 分钟**　**提神健脑**

土豆烧鱼

材料

土豆 300 克，鲈鱼 500 克，红辣椒 1 个

调味料

盐 5 克，胡椒粉 1 克，鸡精 3 克，酱油 5 克，姜片、葱丝各 10 克，食用油适量

制作方法

❶ 土豆去皮洗净切块；鲈鱼洗净切块，用酱油稍腌；红辣椒切小块。

❷ 将土豆、鱼块入烧热的油中炸熟，至土豆炸至紧皮时捞出待用。

❸ 锅置火上加油烧热，爆香葱丝、姜片，放入鱼块、土豆、红辣椒和剩余调味料，加水烧入味即可。

2 人份　**35 分钟**　**保肝护肾**

豆腐烧罗非鱼

材料

豆腐 200 克，罗非鱼 500 克

调味料

盐 4 克，豆瓣酱 10 克，葱、姜、大蒜各 5 克，酱油、料酒、糖、醋、淀粉、食用油各适量

制作方法

1. 葱、姜洗净，大蒜去皮，均切末；豆腐洗净，切块；罗非鱼洗净，均匀抹上盐。
2. 油锅烧热，放入罗非鱼，煎至两面呈金黄色，盛出。
3. 锅中留油加热，爆香姜、大蒜，倒入豆瓣酱、酱油、料酒、糖、醋炒匀，放入罗非鱼以及豆腐，煮至汤汁略干，鱼盛盘，锅中留汁再加淀粉调匀收浓汁，淋在鱼上，撒上葱花即可。

| 👥 2 人份 | 🕐 27 分钟 | 👍 提神健脑 |

酱烧赤棕鱼

材料

赤棕鱼 500 克，青蒜 20 克，辣椒 10 克

调味料

盐、淀粉、葱、糖、豆瓣酱、酱油、食用油各适量

制作方法

1. 青蒜洗净切丝；葱、辣椒洗净，均切末；赤棕鱼洗净，装盘，用盐、淀粉腌渍入味。
2. 油锅烧热，放入赤棕鱼，煎至两面金黄色，盛起。
3. 锅中留油烧热，爆香青蒜、葱及辣椒，放入豆瓣酱、酱油、糖炒匀，加入赤棕鱼及适量水，焖煮至汤汁略微浓稠即可盛出。

| 👥 2 人份 | 🕐 30 分钟 | 👍 开胃消食 |

干烧鲳鱼

材料

鲳鱼1条，水发香菇25克，青辣椒、红辣椒各适量

调味料

盐、料酒、姜、鸡精、香油、葱花、食用油各适量

制作方法

① 鲳鱼洗净，用盐和料酒将鱼腌渍；香菇、姜洗净切丝；青辣椒、红辣椒洗净切圈。

② 起油锅，放入鲳鱼炸至金黄色，注入适量清水，大火煮开后放入姜丝、青辣椒圈、红辣椒圈、香菇。

③ 焖至熟时加盐、鸡精、香油调味，撒入葱花即可。

👥 2人份	🕐 20分钟	👍 降低血脂

烧汁鳕鱼

材料

鳕鱼100克，日本烧汁40克，面粉10克

调味料

淀粉3克，鸡蛋黄1个，盐5克，日本清酒20毫升，糖3克，葱花、香菜、食用油各适量

制作方法

① 鳕鱼洗净切块；鸡蛋黄加面粉在碗中搅匀，涂在鳕鱼上。

② 烧锅下油，将鳕鱼炸至金黄色，捞出控油。

③ 另起锅，加油烧热，放糖、日本烧汁、日本清酒、盐和适量的清水煮开，然后用淀粉勾芡，淋在鳕鱼上，撒上葱花、香菜即可。

👥 1人份	🕐 30分钟	👍 增强免疫力

111

红烧鳝片

材料

活鳝鱼 250 克，水发玉兰片 50 克

调味料

料酒、醋、鸡精、胡椒粉、香油、水淀粉、盐、酱油各适量，姜丝 15 克，大蒜 20 克，猪油 50 克，肉汤 100 克，食用油适量

制作方法

1. 鳝鱼从脊背上剖开，剔去骨和内脏，切去头尾，切成条，用清水洗净；玉兰片洗净切片。
2. 油锅置旺火上，放入鳝片和大蒜炸去水分，倒入漏勺沥去油待用。
3. 将猪油烧至五成热，放入玉兰片，然后放鳝片、大蒜、料酒、酱油、盐、醋、姜丝同炒，接着加入肉汤焖片刻，再放鸡精，用水淀粉勾芡出锅装盘，淋上香油，撒上胡椒粉即可。

迷路鳝丝

材料

鳝鱼 500 克

调味料

盐 4 克，豆瓣酱、胡椒粉、料酒、姜丝、葱末、酱油、蒜末、香菜段各适量

制作方法

1. 鳝鱼洗净切丝，加料酒、盐拌匀待用。
2. 锅内放油，烧至六成热，放入鳝鱼丝煸炒片刻，加入豆瓣酱、姜丝、蒜末煸炒，油呈红色时，放入酱油、胡椒粉、葱花炒匀。
3. 装盘，撒上香菜段即可。

泡椒鳝段

材料

泡椒 80 克，鳝鱼 600 克，黄瓜 300 克

调味料

盐、明油 4 克，酱油 8 克，姜末、料酒各 15 克，食用油适量

制作方法

1. 鳝鱼洗净，切段，汆水后，捞出沥干；黄瓜去皮，洗净切段。
2. 油锅烧热，放入姜末、泡椒，煸炒出香味，放入鳝鱼，加盐、料酒、酱油，翻炒均匀。
3. 熟时，淋明油出锅，装盘，黄瓜码好造型即可。

2 人份　｜　15 分钟　｜　降低血糖

宁式鳝丝

材料

鳝鱼 300 克，熟笋丝 100 克，韭黄 50 克

调味料

葱段、姜丝各 5 克，姜汁水 10 毫升，料酒、香油各 25 毫升，淀粉 25 克，酱油、糖各 2 克，食用油适量

制作方法

1. 鳝鱼洗净切丝；韭黄洗净切段。
2. 油锅置火上，投入鳝丝、姜丝煸炒，烹上料酒和姜汁水，加盖稍焖。
3. 加入酱油、糖翻炒匀，放入笋丝稍炒，加入韭黄、葱段，用水淀粉勾芡，随即淋上香油即成。

2 人份　｜　24 分钟　｜　补血养颜

酱香带鱼

材料

带鱼 400 克，青辣椒、红辣椒适量，白芝麻少许

调味料

盐 3 克，鸡精 2 克，豆豉 10 克，海鲜酱 50 克，香油、食用油各适量

制作方法

1. 青辣椒、红辣椒洗净切丁；带鱼洗净后切段。
2. 油锅烧热，放入带鱼炸至金黄色，熟后捞出盛盘。
3. 余油烧热，放入海鲜酱、豆豉、青辣椒、红辣椒、白芝麻，加盐、鸡精、香油炒匀后浇在带鱼上即可。

👥 2 人份	🕐 22 分钟	👍 开胃消食

香糟带鱼

材料

带鱼 400 克

调味料

料酒 15 克，香糟 10 克，葱花、姜末各 4 克，盐、鸡精各 3 克，辣椒酱、食用油各适量

制作方法

1. 香糟、辣椒酱、盐、鸡精和凉开水调成调味汁；带鱼洗净，切块，加入料酒、葱花、姜末腌渍 5 分钟。
2. 油锅烧热，带鱼放入锅中煎 2 分钟。
3. 倒入调味汁，盖上锅盖，焖煮至熟，装盘即可。

👥 2 人份	🕐 30 分钟	👍 增强免疫力

蒜子烧黄鳝

👥 1 人份　🕐 22 分钟　👍 开胃消食

材料

黄鳝 250 克，红辣椒 1 个

调味料

豆瓣酱 20 克，盐 5 克，鸡精 3 克，红油少许，大蒜 100 克，姜、食用油各适量

制作方法

❶ 黄鳝去头、尾，剖开洗净，切成段；红辣椒洗净，切块；姜切片。

❷ 锅上火加油烧热，将大蒜炸至金黄，再放入黄鳝、红辣椒稍炸后捞出。

❸ 原锅留油上火，放入豆瓣酱、姜炒香，加入水，调入盐、鸡精、红油再放入黄鳝、红辣椒块、大蒜烧至入味即可。

豆芽烧鳝排

材料

鳝鱼 600 克，笋条 50 克，绿豆芽 150 克

调味料

盐 3 克，酱油 5 毫升，糖 5 克，醋 4 毫升，料酒 10 毫升，鸡精 5 克，高汤 200 毫升，葱、姜、干辣椒各 3 克，食用油适量

制作方法

❶ 鳝鱼洗净切段，笋条洗净切成条。

❷ 热锅放葱、姜、干辣椒煸炒，放入鳝片、笋条、绿豆芽一起煮，再加入其他调味料。

❸ 烧好收汁装盘即可。

👥 2 人份　🕐 30 分钟　👍 增强免疫力

鲍菇烧梅花参

材料

鲍菇 50 克，水发梅花参 100 克，泡椒 100 克

调味料

姜片 10 克，盐、鸡精各 3 克，酱油、香油、食用油各适量

制作方法

❶ 梅花参洗净切条；鲍菇洗净切块。

❷ 锅倒油烧热，放入泡椒、姜片煸香；鲍菇入锅翻炒片刻，随后放入梅花参，加入盐、酱油和适量清水，盖上盖，焖至熟。

❸ 出锅前，加入鸡精、香油炒匀即可。

1 人份	18 分钟	开胃消食

福禄寿甲鱼

材料

甲鱼 500 克，西蓝花、香菇、黄豆各适量

调味料

盐、料酒、糖、蒜片、香油、食用油各适量

制作方法

❶ 西蓝花洗净掰小块，焯水后摆盘；黄豆洗净泡发；香菇洗净。

❷ 甲鱼洗净，汆水，入油锅滑油，倒入料酒、蒜片和清水，煮开；再放香菇、黄豆、盐、糖焖至有少许汤汁。

❸ 装盘后淋上香油即可。

2 人份	30 分钟	增强免疫力

鲍汁扣香鱿

材料

鱿鱼 500 克，红辣椒各适量

调味料

盐 3 克，料酒、酱油、鲍汁、香菜、食用油各适量

制作方法

❶ 鱿鱼洗净，切连刀段，加盐、料酒腌渍；红辣椒去蒂洗净，切圈；香菜洗净。

❷ 净锅上火，注入鲍汁，放入鱿鱼，加盐、酱油调味后，焖烧至熟，装盘。

❸ 将香菜、红辣椒摆盘即可。

2 人份	12 分钟	补血养颜

五香甲鱼

材料

甲鱼 1500 克

调味料

盐、酱油、葱花、糖、料酒、高汤各少许，蒜头、姜末、葱白、食用油各适量

制作方法

① 甲鱼洗净；蒜头去皮。

② 油锅烧热，倒入葱白、姜末、蒜头爆香，烹入酱油、料酒，加入高汤、清水，放入甲鱼块大火煮开，撇去浮沫。

③ 调入盐、糖继续烧至甲鱼熟烂，撒上葱花即可。

👥 3 人份 | 🕐 60 分钟 | 👍 增强免疫力

酱焖墨鱼仔

材料

墨鱼仔 9 只，青辣椒、红辣椒少许，生菜适量

调味料

盐 2 克，鸡精 1 克，葱丝、高汤、料酒、黄豆酱、糖、淀粉、食用油各适量

制作方法

① 青辣椒、红辣椒洗净切丝；墨鱼仔洗净，汆水除腥，生菜洗净摆盘。

② 起油锅，放入黄豆酱炒香，放料酒、鸡精、盐、糖，注入高汤煮沸。

③ 把墨鱼仔、青辣椒、红辣椒放入汤内焖至入味，汤汁收浓时加水淀粉勾芡，放葱丝后即可出锅。

👥 2 人份 | 🕐 25 分钟 | 👍 保肝护肾

05

煎、炸、烤篇

酥脆煎炸烤 x 飘香有绝招

　　海鲜是人体所需的蛋白质、维生素、微量元素、矿物质等营养元素的重要来源，通过煎、炸、烤这种方式，可以一定程度防止营养物质流失，其口感酥脆，具有提神健脑、排毒瘦身、降低血脂、增强抵抗力等功效。

　　本篇将煎、炸、烤海鲜食物的烹调技巧及各种菜式一网打尽。您想知道如何烤鱼才不会烤焦吗？

　　赶紧来试一试吧！

香菜烤鲫鱼

材料
香菜 150 克，鲫鱼 350 克

调味料
盐、辣椒粉各 3 克，料酒、酱油、香油各 10 克，姜末、葱花、红辣椒圈、食用油各适量

制作方法
1. 鲫鱼洗净，加盐、辣椒粉、料酒、酱油腌渍；香菜洗净，切末。
2. 将香菜末、姜末、葱花、红辣椒撒在鲫鱼上。
3. 烤盘刷上一层油，放上鲫鱼，入烤箱烤熟后取出，淋上香油即可。

2 人份　　13 分钟　　提神健脑

2 人份　　25 分钟　　开胃消食

葱烤鲫鱼

材料
鲫鱼 300 克

调味料
盐、醋、酱油、水淀粉、香油、料酒各少许，葱段适量

制作方法
1. 鲫鱼洗净；葱段洗净，用沸水汆一下，捞起沥干。
2. 将鲫鱼加入盐、酱油、料酒腌渍入味，再在鱼身上铺上葱段。
3. 将酱油、盐、醋调匀，以水淀粉勾芡，再拌入香油，淋在鱼身上烤熟即可。

豆瓣鲤鱼

材料
鲤鱼 600 克

调味料
盐、水淀粉、葱末、糖、料酒、醋各适量，蒜末、辣豆瓣酱各 10 克，食用油适量

制作方法
1. 鲤鱼洗净，切花刀，用盐和料酒腌渍 10 分钟后抹上水淀粉备用。
2. 鲤鱼放入油锅中，用中火将鱼煎至熟，装盘。
3. 将剩余的调味料倒入锅中加热成调味汁，淋在鱼身上即可。

2 人份　　33 分钟　　补血养颜

番茄鱼片

👥 1 人份 ｜ 🕐 15 分钟 ｜ 👍 保肝护肾

材料
鱼肉 250 克，蛋黄、番茄酱、枸杞子
各 10 克

调味料
葱 1 根，糖、盐各 3 克，鸡精 2 克，
料酒、淀粉各 5 克，水淀粉 50 克，
食用油适量

制作方法

❶ 枸杞子洗净泡好；鱼肉切成 3 厘米长、2 厘米宽的片；蛋黄打散，加淀粉调成糊状，其余淀粉加水调匀；葱切末备用。

❷ 炒锅置火上，加油烧热，取鱼片蘸蛋糊，逐片炸透捞出，锅内余油倒出。

❸ 炒锅置火上，放入少许水和番茄酱、糖、盐、料酒、鸡精、食用油，再将炸好的鱼片及枸杞子放入，用水淀粉勾芡，翻炒均匀，撒上葱花即成。

豉味香煎鳕鱼

材料
鳕鱼 200 克

调味料
盐、鸡精、料酒、鸡汤、酱油、豉汁、香油、水淀粉、食用油各适量

制作方法

❶ 鳕鱼洗净，取鱼腩一片，加盐、料酒腌渍。

❷ 油锅烧热，放入鳕鱼，煎至呈金黄色捞出装盘。

❸ 锅内留底油，放入鸡汤、酱油、豉汁、鸡精、香油，用水淀粉勾薄芡，浇在鳕鱼上即可。

👥 1 人份 ｜ 🕐 20 分钟 ｜ 👍 增强免疫力

调味汁淋鲫鱼

| 👥 2 人份 | 🕐 25 分钟 | 👍 开胃消食 |

材料

鲫鱼 2 条

调味料

盐、高汤 、料酒、酱油、醋、水淀粉各适量，葱段、姜片、蒜片、八角各10 克，食用油适量

制作方法

❶ 鲫鱼洗净，切"一"字花刀。

❷ 锅注油烧热，放入鲫鱼炸至表面金黄，迅速捞出。

❸ 锅底留油，放入葱段、姜片、蒜片、八角爆香，放入鱼，烹入料酒、醋，加入高汤、酱油，加盖焖5～7分钟，盛出，锅中再加盐、水淀粉勾芡，浇在鲫鱼上即可。

鲜炸鳕鱼

材料

鳕鱼 400 克

调味料

盐 3 克，料酒 10 克，鸡蛋液、面粉、面包糠、食用油各适量

制作方法

❶ 鸡蛋液加面粉搅匀成蛋糊。

❷ 鳕鱼洗净，切块，加盐、料酒腌渍，再裹上蛋糊，逐块裹上面包糠。

❸ 油锅烧热，放入鳕鱼炸呈金黄色至熟，装盘即可。

| 👥 2 人份 | 🕐 35 分钟 | 👍 增强免疫力 |

香辣剥皮鱼

材料

剥皮鱼、红辣椒、熟芝麻各适量

调味料

卤汁、盐、酱油、香油、料酒、食用油各适量

制作方法

❶ 剥皮鱼去皮，洗净，去头，用盐、酱油、料酒拌匀，腌渍 2 个小时，至鱼入味。

❷ 油锅烧热，放入红辣椒、剥皮鱼，炸至鱼色红润，捞起沥油放入卤汁锅中，以小火浸渍入味，捞出沥汤装盘，淋香油，撒熟芝麻即可。

| 1 人份 | 150 分钟 | 提神健脑 |

| 2 人份 | 35 分钟 | 开胃消食 |

烤多春鱼

材料

多春鱼 500 克，圣女果 100 克

调味料

盐、料酒、柠檬汁、食用油各适量

制作方法

❶ 圣女果洗净，切开摆盘；多春鱼洗净，加入盐、料酒、柠檬汁腌渍 5 分钟。

❷ 将烤架刷一层油，多春鱼排放烤架中，移入烤炉用中火烤。

❸ 将多春鱼翻面，再烤至熟，取出摆入盛有圣女果的盘中。

五味鳕鱼

材料

鳕鱼 800 克，辣椒末适量

调味料

盐 4 克，酱油 15 克，葱花、蒜末、淀粉各 10 克，姜末 5 克，醋、糖、食用油各适量

制作方法

❶ 鳕鱼洗净，加盐腌渍 5 分钟，蘸裹淀粉。

❷ 起油锅，放入鳕鱼炸熟，盛出。

❸ 锅中留油烧热，爆香葱花、姜末、蒜末、辣椒末，加醋、糖、酱油调匀，淋在鳕鱼上即可。

| 2 人份 | 27 分钟 | 开胃消食 |

锅巴鳝段

材料

锅巴 100 克，鳝鱼 400 克

调味料

盐 3 克，酱油 20 克，青辣椒、红辣椒、食用油各适量

制作方法

❶ 鳝鱼洗净，切段，加酱油腌渍片刻；将锅巴掰成块；青辣椒、红辣椒洗净，切片。

❷ 油锅烧热，放入鳝段炸至变色，捞出控油。

❸ 锅留少许底油，放入锅巴、青辣椒片、红辣椒片、鳝段，加盐稍炒即可出锅。

👥 2 人份 ｜ 🕐 18 分钟 ｜ 👍 提高免疫力

👥 2 人份 ｜ 🕐 35 分钟 ｜ 👍 开胃消食

生菜鳕鱼

材料

生菜、红辣椒丝各适量，鳕鱼肉 500 克

调味料

盐、醋、酱油、水淀粉、食用油各适量

制作方法

❶ 鳕鱼肉洗净切块，用水淀粉裹匀；生菜洗净装盘；红辣椒洗净切丝。

❷ 油锅内注油烧热，放入鳕鱼块炸至变色后，加入盐、醋、酱油炒匀入味。

❸ 起锅装入摆有生菜的盘中，撒上红辣椒丝即可。

煎红鲑鱼

材料

鲑鱼 300 克，辣椒 15 克

调味料

料酒 15 克，姜、葱、黑胡椒各 5 克，盐 3 克，食用油适量

制作方法

❶ 鲑鱼洗净，装盘，加入盐、料酒、黑胡椒腌渍 5 分钟；葱洗净，切段；姜去皮，洗净，切片；辣椒洗净，切丝。

❷ 油锅烧热，爆香葱、姜片，放入鲑鱼，煎至两面金黄色，盛出，撒上辣椒丝即可。

👥 2 人份 ｜ 🕐 15 分钟 ｜ 👍 提神健脑

越式银鳕鱼

材料

冻银鳕鱼 300 克，红边生菜 20 克

调味料

油 50 克，盐、鸡精各 5 克，牛油 30 克，青葱 1 根，蒜头 10 克，食用油适量

制作方法

❶ 将银鳕鱼解冻洗净沥干水，生菜洗净沥干水，放入碟中待用；葱切碎，蒜头切碎。

❷ 油入锅烧至五成热，放入蒜碎炸至金黄色，加入葱碎、调味料，拌匀盛起备用。

❸ 将烤盘中抹上牛油，放入银鳕鱼，放入烤炉中烤 7 分钟，取出，将银鳕鱼放入生菜碟中，淋上香葱油即可。

芥蓝煎鳕鱼

材料

芥蓝 100 克，鳕鱼 300 克

调味料

盐 3 克，鸡精 2 克，淀粉、料酒、香油、食用油各适量

制作方法

❶ 芥蓝洗净取梗，切片；鳕鱼洗净切块，用盐、料酒腌渍入味，再裹上淀粉。

❷ 油锅烧热，放入鳕鱼块煎至金黄色，放入芥蓝梗，加盐、鸡精、香油炒至断生即可。

杭州熏鱼

材料

大草鱼 550 克

调味料

花雕酒、糖、酱油、茴香、桂皮、丁香、香叶、草果、盐、鸡精各适量，海鲜酱 7 克，蚝油 4 克，葱丝 15 克，姜丝 12 克，洋葱末、罗汉果各少许，食用油适量

制作方法

❶ 将所有调味料加水，用小火煨烧制成浓汁待用。

❷ 大草鱼切成小块，放入七成热油锅中炸至酥透。

❸ 将鱼块放入调好的浓汁中焖 10 分钟捞出即可。

👥 2 人份 ｜ 🕐 35 分钟 ｜ 👍 增强免疫力

干炸剥皮鱼

材料

剥皮鱼 500 克，青辣椒末 5 克，面粉 80 克

调味料

辣椒酱 10 克，鸡精 5 克，糖 4 克，胡椒粉 1 克，醋、酱油、料酒各少许，葱末、姜末各 2 克，高汤 500 克，食用油适量

制作方法

❶ 将剥皮鱼扒皮，洗净，去头，蘸上面粉下油锅炸至金黄色后捞起。

❷ 锅中加油，放入葱末、姜末、剥皮鱼，加其他调味料煸炒。

❸ 加入高汤煮 8 分钟，起锅加入青辣椒末即可。

👥 2 人份 ｜ 🕐 22 分钟 ｜ 👍 开胃消食

干炸黑鱼

👥 2 人份 | ⏱ 35 分钟 | 👍 补血养颜

材料

黑鱼 1 条

调味料

盐 5 克，鸡精 3 克，胡椒粉 2 克，料酒 8 克，酱油 4 克，辣椒丝 15 克，葱 1 根，姜 20 克，食用油适量

制作方法

❶ 黑鱼宰杀，洗净切块；葱切丝；姜切片。

❷ 将黑鱼块放入碗中，调入料酒、盐、鸡精、葱丝、姜片腌渍 15 分钟。

❸ 锅中注油烧开，放入乌鱼块炸至金黄色，捞出沥油装盘；锅中留少许油爆香葱丝、辣椒丝，加入调味料，浇成汁淋在鱼块上即可。

香煎鳕鱼

材料

鳕鱼 100 克，面粉 20 克，芦笋 100 克，玉米笋 30 克

调味料

料酒、盐、食用油各适量

制作方法

❶ 鳕鱼洗净，用盐、料酒腌渍 5 ～ 7 分钟。

❷ 将腌好的鳕鱼两面蘸上面粉备用；芦笋、玉米笋洗净，入沸水中氽熟。

❸ 锅中放油烧热，放入鳕鱼煎至熟透，与玉米笋、芦笋翻炒几下，放盐调味，起锅装盘即可。

👥 1 人份 | ⏱ 15 分钟 | 👍 提神健脑

127

香煎带鱼

材料
带鱼 500 克

调味料
酱油、鸡精各 3 克，盐 5 克，葱、姜
各 5 克，食用油适量

制作方法
❶ 带鱼洗净，切段；姜洗净，切丝；葱洗净，切丝。
❷ 带鱼块用盐、酱油、鸡精、姜丝、葱丝腌渍入味。
❸ 煎锅上火，加油烧热，放入鱼块煎至两面金黄色
即可。

烤鲑鱼

材料
鲑鱼 400 克，奶油、柠檬各 20 克

调味料
盐 3 克

制作方法
❶ 鱼肉洗净，装盘，均匀涂抹盐；柠檬挤成
汁备用。
❷ 铝箔纸摊平，均匀抹上奶油，放入鲑鱼，两
面再均匀刷上奶油，放入烤箱，以 200℃
约烤 20 分钟，取出，食用前淋上柠檬汁
即可。

👥 2 人份 ｜ ⏱ 10 分钟 ｜ 👍 开胃消食

小鱼干炒花生

材料

小鱼干 300 克，熟花生仁 100 克，辣椒 1 个，大蒜 10 克，葱花 15 克

调味料

盐 5 克，鸡精 3 克，食用油适量

制作方法

❶ 小鱼干用水浸泡约 2 个小时，捞出沥干水分；辣椒洗净去籽切小丁；蒜去皮剁碎；辣椒洗净切块。

❷ 锅中注油烧热，放入小鱼干炸至酥，捞出沥油。

❸ 锅中留少许油，放入葱、大蒜、辣椒炒香，再倒入小鱼干，调入鸡精炒匀，最后加入熟花生仁即可。

2 人份　｜　15 分钟　｜　补血养颜

咖喱鱼片

材料

鱼 400 克，洋葱、荷兰豆各适量

调味料

淀粉 20 克，料酒、胡椒粉、咖喱块、盐、食用油各适量

制作方法

❶ 洋葱去皮，洗净切丝；荷兰豆撕去老筋、洗净；咖喱块加入适量热水调成酱汁。

❷ 鱼洗净，切块装盘，加料酒、胡椒粉腌渍 5 分钟，再蘸裹淀粉，放入油锅，煎至金黄色，捞出沥油。

❸ 锅中留油烧热，放入洋葱、荷兰豆炒熟，加鱼及盐、咖喱酱汁炒匀即可。

2 人份　｜　30 分钟　｜　增强免疫力

老妈子带鱼

👥 1人份 　｜　 🕐 18 分钟 　｜　 👍 提高免疫力

材料
带鱼 300 克，番茄酱、泡椒段各少许

调味料
红油、料酒、醋、盐、香油、葱末、野山椒、食用油各适量

制作方法
❶ 带鱼洗净切段，加葱末、料酒、盐、醋腌约 15 分钟。
❷ 油烧热，放入带鱼，炸至金黄色捞出沥油。
❸ 烧热红油，加番茄酱、野山椒、泡椒段同炒，加入少许清水煮开，放入炸过的带鱼稍焖至汁水稠浓，加少许香油翻炒均匀即可。

松子草鱼

材料
草鱼 1 条（约 750 克）

调味料
番茄酱、糖、醋、盐、鸡精各少许，食用油适量

制作方法
❶ 草鱼宰杀去鳞、内脏、鳃，洗净，切花刀刻菱形纹。
❷ 将备好的鱼放入油锅中炸至金黄色，捞出装盘。
❸ 番茄酱、糖、醋、盐、鸡精放入锅炒成茄汁；将炒好的茄汁浇于草鱼上即可。

👥 2人份 　｜　 🕐 33 分钟 　｜　 👍 补血养颜

炸针鱼

材料

针鱼 1 条

调味料

盐 2 克，海鲜酱、料酒、水淀粉、面包糠、辣椒粉、食用油各适量

制作方法

❶ 针鱼洗净，从腹部开边，用盐、料酒腌渍，入味后匀裹上水淀粉、面包糠。

❷ 油锅烧热，放入针鱼炸至酥脆，熟后捞出盛盘。

❸ 将海鲜酱涂于鱼身，撒上辣椒面即可。

1 人份　｜　13 分钟　｜　开胃消食

1 人份　｜　45 分钟　｜　养心润肺

卤香带鱼

材料

带鱼 400 克，卤汁适量

调味料

盐、鸡精、料酒、食用油各适量

制作方法

❶ 将带鱼洗净，切块，放入油锅中炸至金黄，捞出备用。

❷ 净锅上火，倒入卤汁，加入盐、鸡精、料酒调匀。

❸ 把炸好的带鱼放入卤汁锅中，浸泡入味即可。

烤带鱼

材料

带鱼 400 克

调味料

烧烤汁 30 克，色拉油 20 克，胡椒粉 3 克，辣椒粉、盐各 5 克

制作方法

❶ 带鱼洗净，切成块状，撒上少许盐腌渍 30 分钟。

❷ 沥干水分，在鱼身上切几刀。

❸ 将鱼放于盘中，加入所有调味料，放入烤炉中用高火烤 6 分钟，再翻面烤 5 分钟即成。

1 人份　｜　50 分钟　｜　提高免疫力

煎白带鱼

材料
白带鱼 400 克

调味料
料酒 15 克，葱 10 克，姜 5 克，盐 3 克，食用油适量

制作方法
① 白带鱼去除内脏，洗净，切长段，装盘，加入葱、姜及盐、料酒腌渍约 20 分钟，捞出。
② 油锅烧热，放入白带鱼，煎至两面呈金黄色，即可盛出。

1 人份　　36 分钟　　增强免疫

干香带鱼

材料
带鱼500克，青辣椒圈、红辣椒圈、面粉各适量

调味料
辣酱、糖、胡椒粉、醋、酱油、料酒、葱花、姜末各少许，高汤 400 克，食用油适量

制作方法
① 将带鱼洗净，切成 6 厘米长的段。
② 带鱼裹上面粉后入油锅炸至金黄色。
③ 锅中加油烧热，放入葱、姜爆香，再加鱼段、其余调味料煸炒，倒入高汤煮 6 分钟，起锅前撒上青辣椒圈、红辣椒圈即可。

2 人份　　20 分钟　　开胃消食

大烤墨鱼花

材料
墨鱼 350 克

调味料
盐、香油各适量

制作方法
① 墨鱼洗净，切花片，用盐腌渍一会备用。
② 将腌渍的墨鱼摆好盘，淋上香油，入烤箱烤几分钟，取出，再刷上一层香油，烤至熟透，取出即可。

1 人份　　12 分钟　　提神健脑

香麻蜜汁鳗鱼

材料
白芝麻 30 克，鳗鱼 800 克，面粉 15 克

调味料
料酒、葱花、酱油、糖、盐、胡椒粉、花椒粉、食用油各适量

制作方法
❶ 鳗鱼洗净切段，加入盐、料酒、胡椒粉腌 30 分钟，再蘸裹面粉。
❷ 油锅烧热，放入鳗鱼炸至金黄色，捞出。
❸ 锅留油烧热，倒入酱油、糖、花椒粉，加适量水，煮至浓稠，再加鳗鱼及白芝麻拌匀，撒上葱花即可。

👥 2 人份	🕐 30 分钟	👍 增强免疫力

翡翠鱼条

材料
鳕鱼 300 克，豌豆苗 100 克

调味料
料酒、淀粉各 10 克，蒜末、姜片、胡椒粉各 5 克，盐 4 克，食用油适量

制作方法
❶ 鳕鱼洗净切块；姜片、鳕鱼装盘，加料酒、胡椒粉腌渍 5 分钟，再加入淀粉拌匀；豌豆苗洗净。
❷ 油锅烧热，放入鳕鱼块炸至金黄，捞出备用。
❸ 锅中留油烧热，爆香蒜末，放入豌豆苗炒熟，加入盐调味，盛入盘中，放入鳕鱼块即可。

👥 1 人份	🕐 22 分钟	👍 增强免疫力

柠檬鲳鱼

材料

柠檬 20 克，鲳鱼 600 克，菠萝罐头 250 克

调味料

盐 4 克，水淀粉 15 克，糖 10 克，食用油适量

制作方法

❶ 打开菠萝罐头，取出菠萝片并切小块；鲳鱼洗净，在鱼的两侧斜切几刀，均匀抹上盐；柠檬挤汁备用。

❷ 油锅烧热，放入鲳鱼炸至金黄色，盛盘；锅中留油继续烧热，放入菠萝块及水淀粉、糖煮至浓稠，盛出，淋在鱼上，淋上柠檬汁即可。

👥 2 人份	🕐 36 分钟	👍 开胃消食

菠菜银鳕鱼

材料

银鳕鱼 200 克，菠菜段、胡萝卜丁各适量

调味料

奶酪、白酒各 30 克，盐 3 克，奶油、黄油各 50 克，胡椒粉少许，食用油适量

制作方法

❶ 银鳕鱼洗净。

❷ 取一小块黄油煮溶，放入银鳕鱼煎至金黄色盛盘，将菠菜铺在鱼上。

❸ 慢火煮溶余下黄油，加入白酒、奶油煮开，放盐、胡椒粉拌匀，淋在银鳕鱼上，放上奶酪，放进微波炉加热 2 分钟即可。

👥 1 人份	🕐 27 分钟	👍 增强免疫力

椒盐墨鱼仔

材料

墨鱼仔400克，青辣椒、红辣椒、橙子片各适量

调味料

盐 3 克，水淀粉、食用油各适量

制作方法

❶ 墨鱼仔洗净，与盐、水淀粉搅拌均匀后备用；青辣椒、红辣椒均去蒂洗净，切粒。

❷ 锅放入油烧热，放入墨鱼仔炸至酥脆后捞出控油，装盘，撒上青辣椒粒、红辣椒粒，盛盘。

❸ 将橙子片摆盘即可。

1 人份 | 10 分钟 | 增强免疫力

1 人份 | 18 分钟 | 补血养颜

大烤墨鱼

材料

墨鱼 400 克，黄瓜适量

调味料

盐 3 克，香油、酱油各适量

制作方法

❶ 墨鱼洗净，切大块，汆水后捞出沥干，加盐拌匀后摆盘，在其表面均匀刷上一层香油，入烤箱烤熟后取出，淋上酱油。

❷ 黄瓜洗净，切片，摆在墨鱼旁即可。

避风塘烤虾串

材料

鲜虾 150 克，生菜 20 克，面包糠适量

调味料

盐、辣椒末、葱花、蒜末、料酒、食用油各适量

制作方法

❶ 生菜洗净摆入盘中；虾洗净，淋上料酒，加盐腌渍入味。

❷ 用竹签将虾串起来，放入烤箱中，烤 8 分钟后取出装在盛有生菜的盘中。

❸ 锅倒油烧热，爆香辣椒末、葱花、蒜末和面包糠，加盐炒匀，倒在虾身上即可。

1 人份 | 20 分钟 | 开胃消食

鲨鱼烟

材料

鲨鱼肉 600 克，茶叶 10 克

调味料

盐 4 克，料酒、葱、姜、糖、面粉各适量

制作方法

❶ 鲨鱼肉洗净，撕去鱼皮；葱洗净，切段；姜洗净，切片；鲨鱼肉、葱、姜装盘，加盐、料酒腌渍 15 分钟，入锅蒸熟，取出，待凉后切片，盛入盘中。

❷ 锅中倒入茶叶及糖、面粉搅匀，放上烤肉架，放上鲨鱼盘，盖上锅盖，以小火熏约 8 分钟，即可。

酥香泥鳅

材料

泥鳅 350 克，生菜 100 克

调味料

盐 3 克，鸡精、酱油、料酒、大葱各少许，食用油适量

制作方法

❶ 泥鳅洗净切段；生菜洗净，铺在盘底；大葱洗净切段。

❷ 油锅烧热，放入大葱炒香，捞出葱，留葱油，放入泥鳅煎至变色后捞出。

❸ 原锅调入酱油、料酒，再放入泥鳅回锅，加盐、鸡精烧至收汁即可装盘。

👥 2 人份 | 🕐 30 分钟 | 👍 保肝护肾

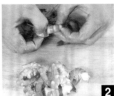

土豆琵琶虾

👥 2 人份　🕐 28 分钟　👍 保肝护肾

材料

土豆 300 克, 虾 200 克, 面包糠 50 克, 鸡蛋 1 个

调味料

盐 5 克, 鸡精 3 克, 番茄酱 8 克, 胡椒粉 1 克, 食用油适量

制作方法

1 虾洗净过水, 捞出; 土豆去皮洗净加水煮熟, 捞出切片; 鸡蛋打散备用。

2 将虾去壳, 从背上划一刀, 挑去肠泥, 加入盐、鸡精、胡椒粉稍腌入味, 蘸上蛋液, 拍上面包糠。

3 将蘸上面包糠的虾入油锅炸熟, 捞出盛盘, 土豆炸脆, 装入盛有虾的盘中, 淋入番茄酱即可。

避风塘墨鱼仔

材料

墨鱼仔 100 克, 面包糠适量

调味料

干辣椒 30 克, 白芝麻 10 克, 盐 3 克

制作方法

1 墨鱼仔洗净, 放入油锅炸至熟透后, 捞出控油; 干辣椒洗净, 切段。

2 起油锅, 放入干辣椒、白芝麻炒香后, 放入墨鱼仔、面包糠炒匀, 加盐调味, 起锅装盘即可。

👥 1 人份　🕐 15 分钟　👍 开胃消食

琵琶虾

材料

虾、猪肉各300克，竹笋、胡萝卜各100克

调味料

盐、红薯粉、面粉、淀粉、番茄酱、食用油各适量

制作方法

❶ 竹笋及胡萝卜分别去皮，洗净，切丁，放入大碗中，加猪肉及盐、面粉拌匀成肉料。

❷ 虾去虾头、虾壳及肠泥，洗净，装入另一个碗，加入盐、淀粉腌渍入味捞出，裹上肉料及红薯粉备用。

❸ 油锅烧热，放入虾炸至金黄色，捞出，沥干油，食用时蘸番茄酱即可。

👥 2人份	🕐 40分钟	👍 增强免疫力

金丝千岛虾

材料

千岛虾100克，土豆80克，圣女果50克

调味料

盐、鸡精各3克，紫甘蓝、料酒、黑芝麻、沙拉酱、食用油各适量

制作方法

❶ 紫甘蓝洗净，切片摆盘中；圣女果洗净，切小块装盘，调入沙拉酱拌匀，撒上黑芝麻。

❷ 虾洗净，用盐、料酒腌渍入味后，放入油锅炸熟捞出装在圣女果的盘中。

❸ 土豆洗净，切细丝，放入油锅，调入盐、鸡精后炸至金黄色捞出，盖在虾身上即可。

👥 1人份	🕐 25分钟	👍 降低血压

酱香大肉蟹

👥 2 人份 ⏱ 32 分钟 👍 保肝护肾

材料

大肉蟹 900 克

调味料

黄豆酱 50 克，鸡精 5 克，香油、盐各 10 克，蒜头 300 克，高汤少许，食用油适量

制作方法

① 蒜头去皮洗净，大肉蟹洗净切块。

② 锅上火，油烧至 80℃时放入蟹块稍炸，捞出沥油。

③ 锅中留少许油，放入蒜头爆香，再放入肉蟹、黄豆酱、鸡精、香油、盐，加入少许高汤，用慢火煮熟即可。

咸鱼小饼

材料

小咸鱼 250 克，沙丁鱼 250 克，玉米饼 300 克，蒜薹适量

调味料

姜、大蒜、盐、干辣椒、食用油各适量

制作方法

① 咸鱼洗净；姜、大蒜洗净切丝；蒜薹洗净切段；玉米饼煎熟，盛盘；干辣椒洗净切段。

② 油锅烧热，放入沙丁鱼炸至金黄色捞出。

③ 锅注油烧热，放入姜丝爆香，再放入小咸鱼煎至两面金黄色捞出沥油，盛在玉米饼盘中；锅留油，爆香干辣椒，加入蒜薹，调入盐，翻炒至熟，盛放在小咸鱼上。

👥 2 人份 ⏱ 30 分钟 👍 开胃消食

06

汤、煲篇

巧手煲好汤 x 营养又健康

海鲜菜能补充人体所需营养物质。

海鲜汤富含水分，软嫩润滑、味道鲜美是人们日常生活中较常见的菜肴，正餐和佐餐可随意变换，其种类繁多，能满足现代各类人群的需求。

食用海鲜汤，既能促进食欲，又能促进消化吸收，从而达到增强机体免疫力、延年益寿的食疗效果。

天麻炖鱼头

👥 2 人份 | 🕐 30 分钟 | 👍 提神健脑

材料

天麻 20 克，鱼头 400 克

调味料

盐 5 克，鸡精 3 克，胡椒粉 2 克，料酒 8 克、高汤适量，葱 15 克，姜 10 克，食用油适量

制作方法

1 鱼头洗净，去鳃，从中间剖开；葱择洗净切末，姜去皮切片。

2 锅中注油烧热，放入鱼头煎至金黄色，加入高汤、葱末、姜片、天麻，调入其他调味料煮开。

3 转入砂锅中炖 25 分钟即可。

西洋菜鱼汤

材料

西洋菜 65 克，草鱼 50 克

调味料

盐适量

制作方法

1 将西洋菜择洗净；草鱼杀洗干净斩块备用。

2 净砂锅上火倒入水，放入鱼块煮开，调入盐煲至熟，撒入西洋菜煮熟即可。

👥 1 人份 | 🕐 24 分钟 | 👍 养心润肺

酸菜豆腐鱼块煲

材料

酸菜 75 克，豆腐 50 克，草鱼 350 克

调味料

色拉油 12 克，盐 5 克，姜片 2 克，清汤适量

制作方法

❶ 将草鱼洗净斩块；酸菜洗净切丝；豆腐稍洗切块备用。

❷ 锅上火倒入色拉油，将姜片爆香，放入草鱼块煎炒，倒入清汤，再放入酸菜、豆腐，调入盐，煲至熟即可。

| 👥 1人份 | 🕐 30 分钟 | 👍 提神健脑 |

鲑鱼洋葱汤

材料

鲑鱼 150 克，洋葱 100 克，土豆 300 克

味料

盐、胡椒粉、鸡精各 3 克

制作方法

❶ 鲑鱼、洋葱、土豆洗净后切丁。

❷ 将土豆、洋葱放入清水中，用大火煮沸，转用小火煮 30 分钟后关火，微温时放入果汁机内拌匀，再倒入锅中。

❸ 将鲑鱼肉加入土豆洋葱汤中，用中火煮至沸腾，最后加入盐、胡椒粉、鸡精煮匀即可。

| 👥 1人份 | 🕐 40 分钟 | 👍 健脾暖胃 |

| 👥 1人份 | 🕐 35 分钟 | 👍 提神健脑 |

果味鱼片汤

材料

草鱼肉 175 克，苹果 45 克

调味料

色拉油 20 克，盐 5 克，香油 4 克，葱段、姜片各 3 克，糖、鸡精各 2 克

制作方法

❶ 将草鱼肉洗净切成片；苹果洗净切成片备用。

❷ 净锅上火倒入色拉油，将葱段、姜片爆香，倒入水，调入盐、鸡精、糖，放入苹果、鱼肉片煮至熟，淋入香油即可。

鱼圆汤

材料
草鱼肉 200 克，火腿 50 克，菜心 50 克

调味料
猪油、高汤、盐、鸡精各适量

制作方法
❶ 将草鱼肉洗净剁成泥，加入适量盐和清水，搅拌均匀待用。
❷ 将猪油和火腿末搅匀后，搓成圆球；锅上火倒入高汤，将鱼泥分成 30 份，每份鱼末包 1 个火腿球，入高汤锅内煮熟。
❸ 锅内再加入盐、鸡精、菜心，煮沸后即可盛盘。

浓汤烧翅

材料
鱼翅 50 克

调味料
盐 2 克，鸡精 5 克，高汤 400 克，淀粉适量

制作方法
❶ 鱼翅泡软，洗去杂质。
❷ 高汤倒入锅中，用大火煮沸，放入鱼翅、鸡精拌匀。
❸ 加入盐调味，以水淀粉勾芡成羹状。

👥 1人份 | 🕐 30 分钟 | 👍 补血养颜

滋补牛蛙肉汤

材料

牛蛙 160 克，当归、枸杞子、红枣各适量

调味料

盐、高汤各适量

制作方法

① 将牛蛙杀洗干净，去皮，剁块汆水；当归、枸杞子、红枣均用温水浸泡洗净备用。

② 炒锅上火倒入高汤，放入牛蛙、枸杞子、当归、红枣，调入盐，煲熟即可。

1 人份 ｜ 22 分钟 ｜ 保肝护肾

奶汤黑鱼煲

材料

黑鱼肉 200 克，白菜叶 120 克，鲜奶适量

调味料

盐 5 克，鸡精 4 克

制作方法

① 将黑鱼肉洗净切薄片，白菜叶洗净。

② 锅上火倒入鲜奶，调入盐、鸡精，放入鱼片、白菜叶煲至熟即可。

1 人份 ｜ 35 分钟 ｜ 补血养颜

1 人份 ｜ 53 分钟 ｜ 补血养颜

红枣枸杞煲黑鱼

材料

红枣、枸杞子各 15 克，黑鱼 300 克

调味料

盐 5 克，鸡精 3 克，胡椒粉 1 克、姜 15 克，食用油适量

制作方法

① 黑鱼去鳞宰杀，去内脏，斩段；姜洗净，切片；红枣、枸杞子泡发。

② 锅上火，加油烧至七成油温，放入鱼段炸至紧皮后捞出。

③ 将鱼段、枸杞子、红枣放入炖盅内，加入适量清水，上火炖 40 分钟，调入调味料即可。

沙参煲鱼汤

材料
南沙参 100 克，黑鱼 500 克，桂圆肉 30 克

调味料
花生油 5 克，葱段、姜片各 5 克，红辣椒丝、香菜末各 3 克，盐、鸡精各少许

制作方法
1. 将黑鱼宰杀洗净切块，汆水待用。
2. 将南沙参、桂圆肉洗净备用。
3. 净锅上火倒入花生油，将葱、姜爆香，倒入清水，调入盐、鸡精，放入生鱼、南沙参、桂圆肉小火煲至熟，撒入香菜、红辣椒丝即可。

👥 2 人份	🕐 55 分钟	👍 补血养颜

冬瓜鱼片汤

材料
冬瓜 150 克，鲷鱼 100 克，黄连 5 克，知母 5 克，酸枣仁 15 克

调味料
嫩姜丝 10 克，盐 3 克

制作方法
1. 鲷鱼杀洗净，切片；冬瓜去皮洗净，切片；全部药材放入纱布袋。
2. 做法 1 中全部材料与嫩姜丝放入砂锅，加入清水，以中火煮沸，再小火稍煮片刻。
3. 取出纱布袋，调入盐后关火即可。

👥 1 人份	🕐 20 分钟	👍 排毒瘦身

鱼丸烩馄饨

材料
鱼丸 400 克，馄饨 100 克，枸杞子 20 克，上海青 20 克

调味料
盐、鸡精各 2 克，葱少许

制作方法
1. 上海青洗净，取叶；枸杞子洗净；葱洗净，切末。
2. 锅内加清水将鱼丸煮至将熟时，放入馄饨、枸杞子，再加入盐调味。
3. 煮 5 分钟后，放入上海青叶，撒上葱末，加鸡精调味即可。

👥 2 人份	🕐 30 分钟	👍 增强免疫力

南北杏苹果黑鱼汤

👥 2 人份 | 🕐 195 分钟 | 👍 开胃消食

材料

南、北杏仁各 25 克，苹果 100 克，黑鱼 500 克，猪瘦肉 150 克，红枣 5 克

调味料

花生油 10 克，盐、姜各 5 克

制作方法

1. 黑鱼去鳞、腮、内脏，洗净；烧锅注入花生油，放入姜片，再将黑鱼两面煎至金黄色。

2. 猪瘦肉洗净，氽水；南、北杏仁用温水浸泡，去皮；苹果去皮、去心，每一个切成 4 块。

3. 将清水放入瓦煲内，煮沸后加入所有材料，大火煲滚后，改用小火煲 3 个小时，加盐调味即可。

酸菜煲鲤鱼

材料

酸白菜丝 100 克，鲤鱼 300 克

调味料

盐少许，鸡精 3 克，辣椒油 5 克

制作方法

1. 将鲤鱼洗净斩块；酸白菜丝洗净备用。

2. 净锅上火倒入清水，调入盐、鸡精，放入鲤鱼块、酸白菜丝煲至熟，淋入辣椒油即可。

👥 1 人份 | 🕐 25 分钟 | 👍 增强免疫力

榨菜豆腐鱼尾汤

👥 1 人份 　｜　🕐 23 分钟　｜　👍 降低血脂

材料
榨菜50克，豆腐2块，鲩鱼尾300克

调味料
花生油适量，盐、香油各 5 克

制作方法

❶ 榨菜洗净切薄片，豆腐用清水泡过，倒去水分，撒入少许盐稍腌后，每块切成 4 块备用。

❷ 鲩鱼尾去鳞洗净，用炒锅烧热花生油，放入鱼尾煎至两面微黄。

❸ 锅中注入清水煮滚，放入鱼尾、豆腐、榨菜，再次煮沸约 10 分钟，以盐、香油调味即可。

党参鳝鱼汤

材料
党参 3 克，鳝鱼 175 克

调味料
色拉油、盐、葱段、姜末、香油各适量

制作方法

❶ 将鳝鱼洗净切段；党参洗净。

❷ 锅上火倒入水煮沸，放入鳝段汆水，至没有血色时捞起备用。

❸ 净锅上火倒入色拉油，将葱段、姜末、党参炒香，再放入鳝段煸炒，倒入清水，调入盐煲至熟，淋入香油即可。

👥 1 人份　｜　🕐 60 分钟　｜　👍 保肝护肾

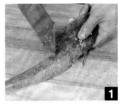

胡萝卜焖牛尾鱼

👥 1人份　🕐 15分钟　👍 养心润肺

材料

胡萝卜 50 克，牛尾鱼 300 克

调味料

盐 5 克，鸡精 2 克，料酒 10 克，胡椒粉 3 克，葱、姜各 10 克

制作方法

1. 牛尾鱼宰杀去鳞洗净切块；胡萝卜洗净，切块；葱洗净切段；姜去皮切片。
2. 将切好的鱼块放入碗中，加入葱段、姜片、盐、鸡精、料酒、胡椒粉腌入味。
3. 将腌好的鱼块倒入锅中，加少许清水，放入胡萝卜块、葱段、姜片，再调入调味料煮入味即可。

木瓜鱼片汤

材料

木瓜 60 克，鱼肉片 80 克

调味料

料酒 2 克，青葱 5 克，姜片 2 克，盐 5 克

制作方法

1. 鱼肉片洗净；青葱洗净、切段。
2. 木瓜削皮、去籽、洗净、切块放入锅内，加水没过材料，以大火煮沸，转小火续煮 20 分钟，再加入料酒。
3. 放入鱼肉片、青葱段、姜片、盐煮熟即可食用。

👥 1人份　🕐 28分钟　👍 排毒养颜

冬瓜红枣鲤鱼汤

材料
茯苓、红枣、枸杞子、鲤鱼、冬瓜各适量

调味料
姜片3片，盐5克

制作方法

❶ 茯苓、红枣分别洗净，茯苓压碎用纱布袋包起备用。

❷ 鲤鱼洗净，去骨、去刺，取鱼肉切片；鱼骨切成小块，用纱布袋包起。

❸ 冬瓜去皮切块，和姜片、鱼骨包、药包一起放入锅，加水、枸杞子，小火煮至冬瓜熟透，放入鱼片煮沸，加盐调味，再挑除药包、鱼骨包即可。

👥 1 人份	🕐 50 分钟	👍 补血养颜

黄花菜鱼丸汤

材料
黄花菜 150 克，草鱼肉 200 克，菜心 50 克

调味料
花生油 20 克，盐、高汤各适量，鸡精、葱段各 3 克

制作方法

❶ 将草鱼肉洗净剁蓉，加盐、鸡精搅匀，入沸水中氽成鱼丸；黄花菜浸泡洗净；菜心洗净备用；葱洗净切成末。

❷ 锅上火倒入花生油，将葱末爆香，倒入高汤，调入盐、鸡精，再放入鱼丸、黄花菜煲至熟，最后放入菜心即可。

👥 2 人份	🕐 25 分钟	👍 增强免疫力

干黄花鱼煲木瓜

材料

干黄花鱼 250 克, 木瓜 100 克, 红辣椒丝适量

调味料

盐适量, 香菜段 2 克

制作方法

1. 将干黄花鱼洗净浸泡; 木瓜洗净, 去皮、去籽, 切方块备用; 红辣椒洗净, 去蒂和去籽, 切丝。

2. 净锅上火倒入清水, 调入盐, 放入干黄花鱼、木瓜煲至熟, 撒入香菜、红辣椒丝即可。

2 人份 | 43 分钟 | 增强免疫力

2 人份 | 50 分钟 | 增强免疫力

带鱼黄芪汤

材料

带鱼 500 克, 黄芪 30 克, 炒枳壳 10 克

调味料

料酒、盐、葱、姜、食用油各适量

制作方法

1. 将黄芪、枳壳洗净, 装入纱布袋中, 成药包; 葱切段; 姜切片。

2. 将带鱼去头、鳞, 收拾干净, 斩成段, 洗净。

3. 锅上火放入食用油, 将鱼段放入锅内稍煎, 再放入适量清水, 放入药包、料酒、盐、葱段、姜片, 煮至鱼肉熟时, 拣去药包、葱、姜即可。

腌黄花鱼煲芋头

材料

腌黄花鱼 450 克, 芋头 100 克, 香芹 50 克

调味料

盐、鸡精各 2 克, 高汤、大蒜、香油少许, 食用油适量

制作方法

1. 芋头洗净切片; 香芹洗净, 切段; 大蒜洗净切片; 腌黄花鱼洗净, 在鱼身打切"一"字花刀。

2. 油锅烧热, 放入腌黄花鱼炸至两面金黄色, 注入高汤煲至汤白。

3. 再放入芋头、香芹、大蒜, 加入盐、鸡精、香油煲至入味即可。

2 人份 | 45 分钟 | 防癌抗癌

木瓜墨鱼红枣

材料

木瓜 200 克，墨鱼 125 克，红枣 15 克

调味料

盐 5 克，姜丝 2 克

制作方法

1 将木瓜洗净，去皮、籽切块；墨鱼杀洗净，切块余水；红枣洗净，备用。

2 净锅上火倒入清水，调入盐、姜丝，放入木瓜、墨鱼、红枣煲至熟即可。

| 👥 1 人份 | 🕐 40 分钟 | 👍 补血养颜 |

| 👥 2 人份 | 🕐 55 分钟 | 👍 补血养颜 |

沙参生鱼汤

材料

生鱼 500 条，南沙参 100 克，桂圆 30 克

调味料

葱、姜各 5 克，红椒丝、香菜各 3 克，盐、味精各少许

制作方法

1 将生鱼宰杀洗净切块，余水待用。

2 将南沙参、桂圆洗净备用。

3 净锅上火倒入油，将葱、姜炝香，倒入水，调入盐、味精，下入生鱼、南沙参、桂圆小火煲至熟，撒入香菜、红椒丝即可。

花生沙葛墨鱼汤

材料

花生仁 30 克，沙葛 200 克，墨鱼 150 克

调味料

盐 5 克，姜片 3 克，高汤适量

制作方法

1 将沙葛洗净切片，墨鱼杀洗净切块，花生仁洗净，用清水浸泡 40 分钟备用。

2 锅上火倒入高汤，调入盐、姜片，放入沙葛、花生仁、墨鱼煲至熟即可。

| 👥 1 人份 | 🕐 60 分钟 | 👍 降低血压 |

木瓜鲈鱼汤

👥 2 人份 | 🕐 135 分钟 | 👍 排毒瘦身

材料

木瓜 450 克，鲈鱼 500 克，金华火腿 100 克

调味料

姜 10 克，花生油、盐各 5 克

制作方法

① 鲈鱼洗净斩块；烧锅放入花生油、姜片，将鲈鱼两面煎至金黄色。

② 木瓜去皮、去籽，洗净，切成块状；金华火腿切成片。

③ 砂锅上火，放入适量清水，放入鲈鱼、木瓜、火腿片小火熬煮至木瓜软烂即可。

土茯苓鳝鱼汤

材料

土茯苓、赤芍各 10 克，鳝鱼、姬松茸各 100 克，当归 8 克

调味料

盐 4 克，料酒适量

制作方法

① 鳝鱼洗净，切小段；姬松茸洗净。

② 全部材料、药材与清水置入砂锅中，以大火煮沸转小火续煮 20 分钟。

③ 加入调味料拌匀即可食用。

👥 1 人份 | 🕐 30 分钟 | 👍 提神健脑

鱼肚冬菇汤

材料
鱼肚 50 克,冬菇 10 克,木耳 10 克,韭黄 20 克,
鸡蛋 80 克

调味料
盐 3 克,鸡精 2 克,水淀粉 10 克

制作方法
1. 鱼肚、冬菇均泡发洗净,切丝;木耳泡发撕碎;韭黄洗净切小段;鸡蛋打散。
2. 锅中注入清水,加盐,待水煮沸,放入鱼肚、冬菇、木耳,大火炖开后继续炖 3 分钟。
3. 加鸡精,用水淀粉勾芡后,淋入蛋清,搅匀即可。

👥 1 人份　🕐 23 分钟　👍 增强免疫力

豆皮鳕鱼丸汤

材料
嫩豆皮、芹菜、榨菜各适量,鳕鱼丸 115 克,
海苔丝 5 克,紫苏 8 克,茯苓、知母各 10 克

调味料
盐 1 克,白胡椒粉 4 克

制作方法
1. 紫苏、茯苓、知母和清水置入锅中,以小火煮沸,滤取药汁即成药膳高汤。
2. 嫩豆皮切小片,芹菜和榨菜洗净,切粒;药膳高汤置入锅中加热,放入鳕鱼丸煮沸。
3. 再加入其他所有材料煮熟,再调入盐、白胡椒粉拌匀即可食用。

👥 1 人份　🕐 30 分钟　👍 增强免疫力

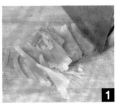
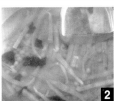
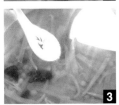

酸辣鱿鱼汤

👥 1人份 ｜ 🕐 35分钟 ｜ 👍 增强免疫力

材料

干鱿鱼 150 克，黑木耳、火腿、青豆各 30 克

调味料

鸡汤、葱、姜、醋、酱油、盐、香油各适量

制作方法

① 将干鱿鱼泡好洗净，切成条状；火腿切成条；黑木耳泡发；姜切丝；葱择洗净切丝。

② 锅中放入鸡汤、鱿鱼、青豆、黑木耳、火腿和姜丝，煮开。

③ 调入盐、酱油，待汤再开时，加入醋，撒上葱丝，淋上香油起锅盛入汤碗内即成。

金牌鸡汤翅

材料

鱼翅、竹荪各 50 克

调味料

姜片 15 克，盐 4 克，鸡精、鸡汤各适量

制作方法

① 鱼翅、竹荪分别泡软。

② 鸡汤倒入锅中，放入鱼翅、竹荪、姜片，先用大火煮沸再改小火煲 30 分钟。

③ 加入盐、鸡精调匀即可。

👥 1人份 ｜ 🕐 45分钟 ｜ 👍 降低血脂

风味墨鱼

材料

墨鱼 250 克

调味料

青芥辣 50 克，盐 4 克，鸡精、姜片、葱段、食用油各适量，水淀粉适量

制作方法

1. 锅中注入适量清水，调入盐煮开，放入墨鱼氽至八成熟，捞出装盘。
2. 锅中注油烧热，调入青芥辣及所有调味料煮开。
3. 用水淀粉勾芡，淋在盘中即可。

| 👫 1 人份 | 🕐 23 分钟 | 👍 降低血糖 |

小河虾苦瓜汤

材料

小河虾 200 克，苦瓜 75 克

调味料

盐 5 克，高汤适量

制作方法

1. 将小河虾洗净；苦瓜洗净去籽，切片备用。
2. 净锅上火倒入高汤，调入盐，放入小河虾、苦瓜煮至熟即可。

| 👫 1 人份 | 🕐 12 分钟 | 👍 提神健脑 |

| 👫 1 人份 | 🕐 18 分钟 | 👍 增强免疫力 |

冬瓜虾皮汤

材料

冬瓜 150 克，虾皮 50 克，鸡蛋液 80 克

调味料

鸡精、香油、香菜末各 3 克，清汤、盐各适量

制作方法

1. 将虾皮洗净；冬瓜去皮洗净切片备用。
2. 炒锅上火，倒入清汤，放入冬瓜、虾皮，调入盐、鸡精，煲至熟淋入鸡蛋液，淋上香油、撒上香菜末即可。

粉丝鲜虾煲

材料

粉丝 20 克，鲜虾 250 克，小白菜 75 克

调味料

盐少许

制作方法

❶ 将鲜虾洗净；小白菜洗净切段；粉丝泡透切段备用。

❷ 净锅上火倒入水，放入鲜虾煮开，调入盐，放入小白菜、粉丝煮至熟即可。

👥 1 人份　🕐 15 分钟　👍 增强免疫力

👥 1 人份　🕐 34 分钟　👍 增强免疫力

明虾海鲜汤

材料

大明虾 100 克，西红柿、洋葱、西蓝花各 70 克

调味料

盐 4 克

制作方法

❶ 明虾剪去须脚，剥壳，并挑去虾线；西红柿切块；洋葱洗净切小块；西蓝花切花。

❷ 锅中加适量清水，开中火，先放入西红柿、洋葱熬汤，煮约 25 分钟，续放明虾、西蓝花煮熟，加盐调味即成。

南瓜虾皮汤

材料

南瓜 400 克，虾皮 20 克

调味料

食用油、盐、葱花各适量

制作方法

❶ 南瓜洗净切块。

❷ 锅内注油烧开，放入南瓜块稍炒，加盐、葱花、虾皮，再炒片刻。

❸ 添清水煮成浓汤即可。

👥 2 人份　🕐 25 分钟　👍 补钙养颜

意式海鲜煲

材料

鲜青口、鱿鱼、鱼柳各 100 克，蟹柳 40 克，洋葱、青辣椒、红辣椒、蘑菇各 15 克，蒜蓉少许

调味料

茄水、蒸好的茄子、胡椒粉、盐、白酒、食用油各适量

制作方法

❶ 各种海鲜洗净沥干；洋葱，青辣椒、红辣椒洗净，切菱形；蘑菇洗净。

❷ 锅注油烧热，爆香蒜蓉后放入海鲜炒匀，倒入白酒、蒸好的茄子炒香，再加茄水和清水，大火煮开。

❸ 改慢火煮 10 分钟，放入洋葱、青辣椒、红辣椒、蘑菇，用大火煮熟，加盐调味即可。

👥 1 人份	🕐 35 分钟	👍 增强免疫力

木瓜枸杞炖雪蛤

材料

木瓜100克，枸杞子、椰丝少许，雪蛤膏50克

调味料

冰糖 10 克，姜 6 克

制作方法

❶ 雪蛤膏泡发后拣去污物，清洗干净，加姜片余水；木瓜洗净去籽，切成小块；枸杞子泡发，沥水备用。

❷ 汤锅注入适量的清水煮沸，放入雪蛤、木瓜、枸杞子、冰糖煲熟即可盛碗，最后撒上少许椰丝。

👥 1 人份	🕐 50 分钟	👍 补血养颜

清汤北极贝

材料

北极贝 100 克

调味料

姜 15 克，高汤、盐各适量

制作方法

❶ 将北极贝洗净；姜去皮洗净，切丝备用。

❷ 净锅上火倒入高汤，放入北极贝、姜，调入盐，煲至沸即可。

👥 1 人份	🕐 28 分钟	👍 增强免疫力

节瓜扇贝汤

材料

节瓜 125 克，扇贝肉 200 克，鸡蛋 80 克

调味料

盐 3 克，葱花、高汤各适量

制作方法

❶ 将扇贝肉洗净；节瓜洗净去皮切块；鸡蛋打入盛器搅匀备用。

❷ 汤锅上火倒入高汤，放入扇贝肉、节瓜，调入盐煲至熟，淋入鸡蛋液稍煮，撒葱花即可。

👥 2 人份	🕐 25 分钟	👍 清热解毒

扇贝芥菜汤

材料

扇贝 200 克，芥菜 300 克

调味料

盐 3 克

制作方法

❶ 芥菜洗净切段；扇贝吐沙后洗净。

❷ 锅中倒水加热，放入芥菜和扇贝煮熟。

❸ 放入盐调味即可出锅。

👥 2 人份	🕐 20 分钟	👍 补血养颜

胡萝卜山药鲫鱼汤

👥 2 人份 ｜ 🕐 30 分钟 ｜ 👍 赠钱免疫力

材料

胡萝卜350克，山药60克，鲫300克

调味料

盐 4 克，鸡精 2 克，食用油适量

制作方法

1. 鲫鱼洗净，去鳞、内脏；胡萝卜洗净，去皮，切成片；山药切块。
2. 锅置火上，放油烧热，放入鲫鱼煎至两面金黄色。
3. 将鲫鱼、胡萝卜片、山药块放入锅中，加适量清水，以大火煮开，转用小火煲 20 分钟，加盐调味即可。

螺片玉米须黄瓜汤

👥 1 人份 ｜ 🕐 25 分钟 ｜ 👍 降低血压

材料

海螺 2 个，玉米须 30 克，黄瓜 100 克

调味料

花生油 10 克，葱段、姜片、鸡精各 3 克，香油 2 克，盐少许

制作方法

1. 海螺去壳洗净切片；玉米须洗净；黄瓜洗净切丝。
2. 锅上火倒入花生油，炝香葱段、姜片，倒入清水，放入黄瓜、玉米须、螺片，调入盐、鸡精煮沸，淋入香油即可。